Michael Riemer

Außertropische Umwandlung tropischer Wirbelstürme

Einfluss auf das Strömungsmuster in den mittleren Breiten

Wissenschaftliche Berichte des Instituts für Meteorologie und Klimaforschung des Karlsruher Instituts für Technologie (KIT)
Band 45

Herausgeber: Prof. Dr. Ch. Kottmeier

Institut für Meteorologie und Klimaforschung
am Karlsruher Institut für Technologie (KIT)
Kaiserstr. 12, 76128 Karlsruhe

Eine Übersicht über alle bisher in dieser Schriftenreihe erschienenen Bände finden Sie am Ende des Buchs.

Außertropische Umwandlung tropischer Wirbelstürme

Einfluss auf das Strömungsmuster in den mittleren Breiten

von
Michael Riemer

KIT Scientific Publishing

Dissertation, genehmigt von der Fakultät für Physik
der Universität Fridericiana zu Karlsruhe (TH), 2007
Referenten: Prof. Dr. S. C. Jones, Prof. Dr. K. D. Beheng

Impressum

Karlsruher Institut für Technologie (KIT)
KIT Scientific Publishing
Straße am Forum 2
D-76131 Karlsruhe
www.ksp.kit.edu

KIT – Universität des Landes Baden-Württemberg und
nationales Forschungszentrum in der Helmholtz-Gemeinschaft

KIT Scientific Publishing 2013
Print on Demand

ISSN 0179-5619
ISBN 978-3-86644-766-0

Inhaltsverzeichnis

1 Einleitung

Tropische Wirbelstürme sind als das herrausragende Wetterereignis über den tropischen Ozeanen wohlbekannt. Knapp die Hälfte dieser Stürme bewegen sich in die mittleren Breiten und wandelt sich dabei in außertropische Tiefdruckgebiete um. Dieser Vorgang ist als außertropische Umwandlung tropischer Wirbelstürme bekannt und wird in dieser Arbeit kurz als ET (engl.: *extratropical transition*) bezeichnet. Der Einfluss dieser ehemals tropischen Systeme auf die mittleren Breiten ist in den letzten Jahren verstärkt in das Bewusstsein der Öffentlichkeit gerückt (z.B. Abb. 1.1), zumal ET–Systeme, ähnlich wie tropische Wirbelstürme, durch orkanartige Winde und schwere Niederschläge eine Gefährdung für den Menschen darstellen können.

ET–Systeme werden durch die Umgebungsströmung nicht passiv in die mittleren Breiten transportiert, sondern sie beeinflussen den Zustand der Atmosphäre in ihrer Umgebung zum Teil beträchtlich. Insbesondere kann die vertikale Stabilität verringert und der Temperaturgradient der unteren Troposphäre verstärkt werden, sowie eine diabatische Änderung des Strahlstroms auftreten. Diese Einflüsse wurden in den letzten Jahren in einer Reihe von Arbeiten dokumentiert und untersucht. Es zeigte sich, dass die während ET auftretenden Wechselwirkungen sehr komplex sind und die Variabilität von Fall zu Fall sehr hoch ist. Die physikalischen Prozesse, die der außertropischen Umwandlung tropischer Wirbelstürme zugrunde liegen, sind dabei bis heute nicht vollständig verstanden.

Die Veränderungen, die durch ET in den mittleren Breiten auftreten, beschränken sich nicht nur auf die Umgebung des sich umwandelnden

Das Wetter

München (SZ) – Die Ausläufer von Hurrikan *Alex* verdrängen das Hoch über Deutschland. Im Westen und in Alpennähe Schauer und Gewitter. Sonst trocken bei Temperaturen bis 31 Grad. (Wetterbeicht Seite 10 und Bayern)

Abbildung 1.1: Wetterbericht der Süddeutschen Zeitung vom 9. August 2004. Die *Ausläufer von Hurrikan Alex* beziehen sich dabei auf eine langgestreckte Kaltfront, die sich nach der ET von Alex in Zusammenhang mit dem außertropischen Tiefdruckgebiet gebildet hat (vgl. Abb. 2.5).

Wirbelsturms, sondern sie können ein viel größeres Gebiet betreffen. Einen Einfluss auf den atmosphärischen Zustand findet man vor allem stromabwärts des ET–Systems. Insbesondere wurde die Bildung von Strömungsmustern beobachtet, die explosive Zyklogenese oder Starkniederschlagsereignisse begünstigen können. In aktuellen Studien zu Unsicherheiten in der numerischen Wettervorhersage zeigt sich stromabwärts eines ET–Systems zudem häufig eine deutliche Verschlechterung der Vorhersagbarkeit.

In der vorliegenden Arbeit wird untersucht, wie sich der Einfluss eines ET–Systems in den Bereich stromabwärts ausbreitet und welche physikalischen Prozesse dabei eine Rolle spielen. Vorarbeiten, die diese Fragestellung explizit behandeln, gibt es sehr wenige. Ein wichtiger Mechanismus ist möglicherweise die Anregung eines Rossby–Wellenzugs am Gradienten der potentiellen Vorticity (PV), der mit dem Strahlstrom der mittleren Breiten verbunden ist. Durch die Veränderung der Höhenströmung ist mit einem Einfluss auf die Entwicklung außertropischer Hoch– und Tiefdruckgebiete zu rechnen. Die Entwicklung der bodennahen Drucksysteme kann wiederum den Verlauf der Höhenströmung beeinflussen. Sowohl zur Ausbreitung von Rossby–Wellen entlang eines begrenzten Strahlstroms als auch für die barokline Rückkopplung gibt es in der Literatur zahlreiche Arbeiten. Die Bedeutung dieser Prozesse für den Einfluss eines ET–Systems auf den Bereich stromabwärts wurde bisher jedoch nicht untersucht.

In dieser Arbeit werden ET–Szenarien in idealisierten Strömungskonfigurationen betrachtet und anhand numerischer Experimente untersucht. Die grundlegende Repräsentation der mittleren Breiten bildet ein gerader Strahlstrom, der mit einem Modell-Wirbelsturm in Wechselwirkung gebracht wird. Der Wirbelsturm durchläuft ET und entlang des Strahlstroms wird eine barokline Welle angeregt, die stromauf– aber v.a. stromabwärts zur Bildung von weiteren Tiefdruckgebieten führt. In der Höhe kann die Entwicklung als Anregung und Ausbreitung eines Rossby–Wellenzugs interpretiert werden. Die Merkmale der Entwicklung werden auf ihre Sensitivität bezüglich der Stärke des Strahlstroms, dem Feuchtegehalt der Umgebung und der Struktur des Wirbelsturms untersucht. Für das Referenzexperiment wird die Anregung und anfängliche Entwicklung des Wellenzugs mittels stückweiser PV-Inversion betrachtet und der Einfluss des starken zyklonalen Anteils der Strömung des Wirbelsturms in der unteren und mittleren Troposphäre sowie der Einfluss des antizyklonalen und divergenten Strömungsanteils in der oberen Troposphäre in den unterschiedlichen Phasen der Entwicklung quantifiziert.

In einem weiteren Satz numerischer Experimente werden komplexere, realistischere Strömungskonfigurationen betrachtet. Die Strömung der mittleren Breiten wird dabei durch verschiedende Ausprägungen einer baroklinen Welle dargestellt und wiederum mit dem Wirbelsturm in Wechselwirkung gebracht. Die Entwicklung einer baroklinen Welle aufgrund barokliner Instabilität wird gemeinhin als grundlegender Prozess verstanden, der den Wechsel von Hoch- und Tiefdruckgebieten in den mittleren Breiten erklärt. Die barokline Entwicklung ohne den Einfluss des Wirbelsturms dient dabei als Referenzlauf. Die Veränderung, die sich im Experiment mit Wirbelsturm ergibt, kann dann als Einfluss des

tropischen Wirbelsturms auf die Entwicklung der baroklinen Welle betrachtet werden. In diesen Experimenten wird zudem die Sensitivität der Entwicklung bezüglich der Intensität sowie der Anfangsposition des Wirbelsturms betrachtet.
Die idealisierte Struktur der untersuchten Szenarien reduziert die Komplexität des Systems merklich. Grundlegende Mechanismen der Wechselwirkung können identifiziert und deren relative Wichtigkeit quantifiziert werden.
Ein Überblick über die Dynamik tropischer Wirbelstürme und ihrer außertropischen Umwandlung findet sich in Kapitel 2. Dort werden auch die bisher bekannten Auswirkungen eines ET–Systems auf die Strömung der mittleren Breiten zusammengefasst. Kapitel 3 liefert die theoretischen Grundlagen für die PV–Sichtweise sowie der stückweisen PV–Inversion. In Kapitel 4 findet sich die Beschreibung des verwendeten Modells und die Initialisierung der numerischen Experimente. Die Ausprägung barokliner Lebensläufe bei der gegebenen Modellkonfiguration sowie der Einfluss der verwendeten Parametrisierungen auf die Entwicklung der baroklinen Welle werden in Kapitel 5 untersucht und mit den Ergebnissen aus der Literatur verglichen. Die Experimente mit dem geraden Strahlstrom und die Diagnose mithilfe stückweiser PV–Inversion ist Inhalt von Kapitel 6, die ET–Experimente mit baroklinen Wellen werden in Kapitel 7 vorgestellt. In Kapitel 8 findet sich die Zusammenfassung und Diskussion der Ergebnisse.

2

Tropische Wirbelstürme und ihre Umwandlung in außertropische Tiefdruckgebiete

Tropische Wirbelstürme sind das herrausragende Wetterereignis über den tropischen Ozeanen. Die Gefährdung, die sie für die Seefahrt und die Bewohner küstennaher Gebiete darstellen, ist allgemein bekannt. Durch Windgeschwindigkeiten von bis zu 300 $\mathrm{km\,h^{-1}}$, sehr hohe Niederschlagsmengen und Flutwellen können tropische Wirbelstürme zu beträchtlichen Naturkatastrophen führen. Im Jahr 1900 zerstörte ein Wirbelsturm die Hafenstadt Galveston in Texas, USA und forderte über 8000 Todesopfer[1]. Ungefähr 300.000 Menschen starben 1970 in Bangladesh durch eine von einem tropischen Wirbelsturm verursachte Flutwelle (Frank und Husain, 1971). Erst 2005 wurde New Orleans durch die Auswirkungen von Hurrikan Katrina fast vollständig zerstört. Um die 1500 Menschen verloren ihr Leben, der gesamte wirtschaftliche Schaden wird auf etwa 80 Mrd. $US geschätzt (Knabb et al., 2006).

Tropische Wirbelstürme treten mit Ausnahme des Südatlantiks in allen Ozeanbecken regelmäßig auf. Erreichen sie Windgeschwindigkeiten von 17 $\mathrm{m\,s^{-1}}$ werden sie Tropensturm genannt und bekommen einen Namen. Bei Windgeschwindigkeiten über 33 $\mathrm{m\,s^{-1}}$ nennt man den Sturm im Nordatlantik und Nordostpazifik Hurrikan, im Nordwestpazifik Taifun[2].

Im folgenden wird ein kurzer Überblick über die Struktur und Dy-

---

1 FAQ–Seite der Hurricane Research Division in Virginia Key, Florida: *www.aoml.noaa.gov/hrd/tcfaq/*

2 Die Bezeichnung und Klassifizierung nach Windgeschwindigkeit für die verschiedenen Warngebiete der Weltorganisation für Meteorologie (WMO) finden sich unter http://severe.worldweather.wmo.int

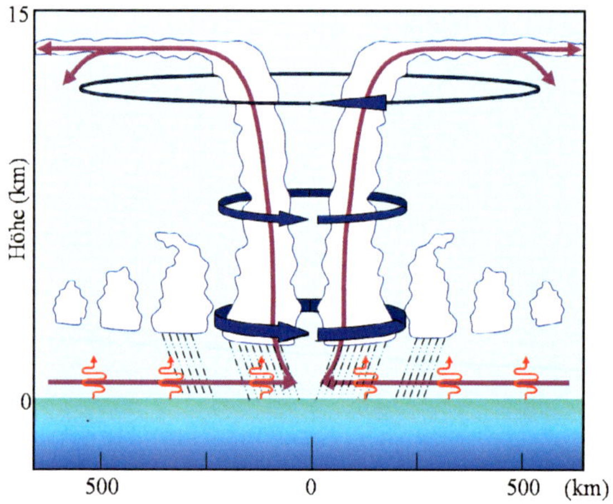

Abbildung 2.1: Schematischer Vertikalschnitt der Zirkulation eines tropischen Wirbelsturms. Die blauen Pfeile geben die Primärzirkulation, die violetten Pfeile die Sekundärzirkulation des Sturms an. Die kurvenförmigen roten Pfeile repräsentieren Flüsse fühlbarer und latenter Wärme von der Ozeanoberfläche in die Atmosphäre (nach Jones, 2002).

namik tropischer Wirbelstürme gegeben. Einen umfassenden aktuellen Übersichtsartikel über die Verteilung, Klimatologie, Struktur und Dynamik tropischer Wirbelstürme findet man bei Emanuel (2003).

Tropische Wirbelstürme können sich nicht an beliebigen Orten der tropischen Ozeane bilden. Günstige Bedingungen für ihre Entstehung sind Wassertemperaturen über 26°C in einer etwa 50 m mächtigen Ozeanschicht, hohe Luftfeuchtigkeit in der mittleren Troposphäre sowie eine geringe vertikale Windscherung. Zudem muss eine anfängliche atmosphärische Störung vorhanden sein, aus der sich ein tropischer Wirbelsturm entwickeln kann. Eine Entstehung äquatorseitig des 5. Breitengrads ist selten, da dort die Corioliskraft sehr gering ist und die einströmende Luft ins Zentrum des sich entwickelnden Tiefdruckgebiets einem weiteren Druckabfall entgegenwirkt.

Die Zirkulation eines voll entwickelten tropischen Wirbelsturms kann näherungsweise als axialsymmetrisch betrachtet werden und ist in Abb. 2.1 anhand eines schematischen Vertikalschnitts dargestellt. Die starke, zy-

klonale Primärzirkulation ist dabei in guter Näherung in Gradientwind- und hydrostatischer Balance. Innerhalb der planetaren Grenzschicht strömt unter dem Einfluss der Bodenreibung Luft zum Zentrum des Wirbelsturms, das durch ein deutliches Druckminimum geprägt ist. Sie nimmt dabei durch Flüsse fühlbarer und v.a. latenter Wärme Energie aus der warmen Ozeanoberfläche auf. Die bodennahe Konvergenz zwingt die Luft in der Augenwand zum Aufsteigen, der Wasserdampf in der sehr feuchten Luft kondensiert und die vom Ozean aufgenommene Energie wird in Form von latenter Wärme freigesetzt. Die einsetzende Konvektion verstärkt das Aufsteigen der Luft, die in der Höhe nahe der Tropopause seitlich aus dem Sturmzentrum herausströmt (*Outflow*) und durch die Corioliskraft eine antizyklonale Rotation erhält. Das Einströmen in der Grenzschicht, Aufsteigen in der Augenwand und Ausströmen nahe der Tropopause wird als Sekundärzirkulation des Sturms bezeichnet.
Die Umsetzung der Energie in einem Wirbelsturm kann analog einer Wärmekraftmaschine beschrieben werden, bei der bei höheren Temperaturen Energie aufgenommen wird (an der Ozeanoberfläche) und bei kühleren Temperaturen (beim Ausströmen der Luft in der Höhe) wieder abgegeben wird. Auf Grund dieser Analogie entwickelte Emanuel (1988) eine Theorie für die potentielle Intensität (PI), die man für einen Wirbelsturm bei optimalen Umgebungsbedingungen erwarten kann.
Die starke zyklonale Rotation des Wirbelsturms erstreckt sich vertikal über fast die gesamte Troposphäre, ihre horizontale Skala ist sehr variabel und reicht, gemessen am Radius der maximalen Windgeschwindigkeit, von 10 - 100 km. Von dort aus nehmen die Windgeschwindigkeiten radial allmählich ab und zwischen 100 und 1000 km ist die Zirkulation des Wirbelsturms nicht mehr von der Umgebungsströmung zu unterscheiden. Die in tropopausennähe ausströmende Luft ist hingegen vertikal auf eine relativ dünne Schicht begrenzt und konzentriert sich in der Regel auf einen oder mehrere *Outflow Jets*. Die Zirkulation, die in der oberen Troposphäre mit einem Wirbelsturm verbunden ist, erreicht eine Skala von 3000 km und ist damit mit der synoptischen Skala außertropischer Wettersysteme vergleichbar (Merrill, 1988).

Abbildung 2.2: Composite–AVHRR–Aufnahme (Kanal 1, 2 und 4 von NOAA–16) von Hurrikan Alex am 5. August 2004, 17:25 GMT. Im oberen, linken Bereich ist Neufundland und der nördliche Teil von Nova Scotia zu erkennen. Quelle: SSEC, University of Wisconsin, http://cimss.ssec.wisc.edu.

Die Bewegung tropischer Wirbelstürme wird in erster Näherung durch die Umgebungsströmung bestimmt. Asymmetrien in der Struktur des Wirbelsturms, insbesondere in der Position der Outflow–Schicht und dem Zentrum der zyklonalen Zirkulation, können ebenfalls zur Bewegung des Systems beitragen. Im Frühstadium ihrer Entwicklung befinden sich tropische Wirbelstürme oft südlich des subtropischen Hochdruckgebiets und bewegen sich an dessen Flanke nach Westen. An der Westseite des Hochs oder an der Ostseite eines herannahenden Höhentrogs können sie von ihrer westlichen Zugbahn in Richtung der mittleren Breiten und nach Osten hin abgelenkt werden und eine außertropische Umwandlung durchlaufen (siehe z.B. Abb. 2.3(b)).

Unter besonderen Bedingungen können Stürme vereinzelt auch in die mittleren Breiten gelangen, ohne dabei ihre tropische Charakteristik zu verlieren. Juan (2003) traf als Hurrikan der Stufe 2 auf einer geographi-

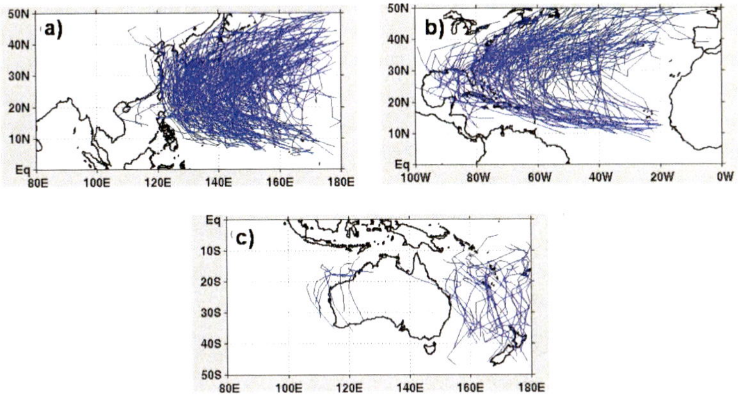

Abbildung 2.3: Zugbahnen aller tropischer Wirbelstürme, die zwischen 1970 und 1999 ET im (a) Nordwestpazifik, (b) Nordatlantik und (c) Bereich von Australien vollzogen haben. (Abb. 1 aus Jones et al., 2003)

schen Breite von 45°N in der Nähe von Halifax, Nova Scotia, Kanada auf Land (Avila, 2004); Hurrikan Alex (2004, Abb. 2.2) war auf 43°N noch eine Sturm der Kategorie 3.

In der Regel verliert ein tropischer Wirbelsturm jedoch seine charakteristische Gestalt und schwächt sich ab, wenn er sich den mittleren Breiten nähert. Da er dann im Allgemeinen nicht mehr als Gefährdung betrachtet wird, werden die offiziellen Warnungen der Vorhersagezentren oft eingestellt. Die Auswirkungen dieser Systeme können dabei jedoch unterschätzt werden, da sie sich häufig zu schnell ziehenden, sich teils stark reintensivierenden außertropischen Sturmtiefs entwickeln, die intensive Niederschläge, orkanartige Windstärken und sehr hohen Seegang verursachen können. Durch diese außertropische Umwandlung tropischer Wirbelstürme (engl.: *extratropical transition*, ET) kann sich ein außertropisches System bilden, dass Wetterbedingungen ähnlich denen eines tropischen Wirbelsturms hervorruft und eine ernsthafte Gefährdung für die Bewohner und insbesondere auch für die Seefahrt in den mittleren Breiten darstellt.

Die außertropische Umwandlung tropischer Wirbelstürme tritt in fast

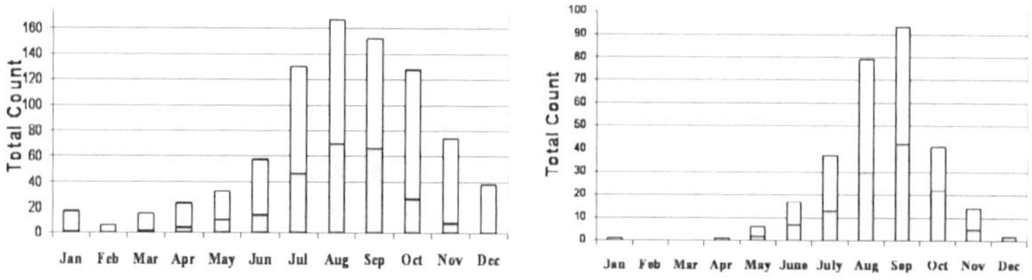

(a) (b)

Abbildung 2.4: Gesamte Anzahl der tropischen Wirbelstürme, die im (a) Nordwestpazifik und (b) Atlantik zwischen 1970 und 1999 in den jeweiligen Monaten auftraten (offene Balken), sowie die Anzahl der Stürme, die dabei ET vollzogen haben (schattierte Balken) (Abb. 2 aus Jones et al., 2003). Man beachte die unterschiedliche Skalierung.

allen Ozeanbecken auf, in denen tropische Wirbelstürme vorkommen. Die Ausnahme bildet der östliche Nordpazifik, wo die synoptischen Bedingungen das Auftreten einer ET nur in Ausnahmefällen zulassen. Für eine 30–jährige Periode sind in Abb. 2.3 exemplarisch für einige geographische Gebiete die Zugbahnen tropischer Wirbelstürme dargestellt, die eine außertropische Umwandlung durchlaufen haben.

Die Anzahl der ET–Ereignisse und das Auftreten tropischer Wirbelstürme folgen einem ähnlichen jahreszeitlichen Verlauf (Abb. 2.4). Die größte Anzahl von ET–Ereignissen tritt dabei im westlichen Nordpazifik auf (Abb. 2.4(a)), während das nordatlantische Becken in dem gezeigten 30–jährigen Zeitraum mit 45 % den größten prozentualen Anteil an Wirbelstürmen enthält, die ET durchlaufen (Abb. 2.4(b)).

Bewegt sich ein Wirbelsturm aus den Tropen in die mittleren Breiten, so ändern sich die Umgebungsbedingungen des Sturms beträchtlich. Es treten eine wachsende Baroklinität und damit eine verstärkte vertikale Windscherung, sowie meridionale Feuchtegradienten auf. Die Meeresoberflächentemperatur (*sea surface temperature*, SST) nimmt ab und es können starke Gradienten in der SST (zum Beispiel in Zusammenhang mit dem Golfstrom) auftreten. Zudem nimmt die Corioliskraft zu. Der tropische Wirbelsturm kann sich in den Bereich eines Höhentrogs oder eines außertropischen Tiefdruckgebiets bewegen und damit unter den Einfluss starker Umgebungsströmung geraten.

Der tropische Wirbelsturm reagiert auf die Veränderungen in den Umgebungsbedingungen mit strukturellen Änderungen. Diese können von Fall zu Fall sehr stark variieren. Auch die weitere Entwicklung, nachdem der Sturm bereits Merkmale eines außertropischen Systems angenommen hat, kann sehr unterschiedlich ablaufen und reicht vom Auffüllen des Tiefdruckgebietes bis hin zu explosiver Verstärkung.

Trotz der hohen Variabilität lässt sich der Verlauf einer außertropischen Umwandlung in zwei Phasen gliedern (Klein et al., 2000, Jones et al., 2003): die Transformationsphase und die außertropische Phase.

In der Transformationsphase beginnt der tropische Wirbelsturm auf die Veränderungen in den Umgebungsbedingungen zu reagieren. Oftmals kommt es dabei zu einer deutlichen Zunahme der Translationsgeschwindigkeit. Es entwickeln sich Asymmetrien in der Bodenwindverteilung, wobei häufig eine Verbreiterung des Windfelds und höhere Windgeschwindigkeiten rechts der Zugbahn auftreten. Links der Zugbahn kommt es bei der Wechselwirkung mit einem Höhentrog häufig zu verstärkter Wolken- und Niederschlagsbildung. Gradienten im Feuchtefeld und in der SST, sowie die verstärkte vertikale Scherung tragen zur Bildung von Asymmetrien in der Konvektion bei, ebenso wie die asymmetrische Verteilung der Oberflächenflüsse, die u.a. durch die Veränderungen im Bodenwindfeld entstehen. Die oben genannten Prozesse wirken sich auch stark auf die thermische Struktur des Sturms aus und treten untereinander in enge Wechselwirkung.

Ein Faktor, dem während der Transformationsphase eine besondere Bedeutung zukommt und der zu erheblichen Veränderungen in der Struktur und der Intensität eines tropischen Wirbelsturms führen kann, ist die vertikale Scherung des horizontalen Umgebungswinds. Allein dieser Einfluss auf die Struktur des Wirbelsturms ist sehr komplex und noch nicht vollständig verstanden. Idealisierte Modellstudien haben gezeigt, dass die Änderungen in der Struktur hauptsächlich mit einer vertikalen Neigung des Wirbels und mit Asymmetrien in der Vertikalbewegung und dem Temperaturfeld verbunden sind (z.B. Frank und Ritchie, 2001, Jones, 2000). Die Bildung von Asymmetrien und die Auflösung der vertikalen Kohärenz führen dabei zu einer deutlichen Abschwächung des Sturms. Allerdings ist ein tropischer Wirbelsturm in der Lage, der vertikalen Scherung bis zu einer gewissen Stärke standzuhalten und eine aufrechte Struktur beizubehalten. Neben der Stärke der Umgebungsscherung hängt diese Widerstandsfähigkeit auch von der Intensität und dem Windprofil des Wirbelsturms ab. Die relative Bedeutung diabatischer und trockener Prozesse in dieser Fragestellung sind ebenfalls noch nicht abschließend geklärt (z.B. Reasor et al., 2004). Der vertikalen Scherung kommt während ET eine besondere Rolle zu, da sie häufig entweder mit einem Höhentrog oder einer ausgeprägten baroklinen Zone verbunden ist. Für die Bildung eines außertropischen Tiefdruckgebiets ist die vertikale Scherung daher eine notwendige Voraussetzung, wohingegen sie in der Transformationsphase zu einer Abschwächung des ET–Systems führt.

Nicht alle tropischen Wirbelstürme erreichen die Transformations-Phase. Zu starke vertikale Scherung oder das Auftreffen auf Land können zur Auflösung des Wirbelsturms innerhalb der Tropen führen, ohne dass die außertropische Umwandlung begonnen wird. Auch vollenden nicht alle Wirbelstürme, die die Transformations-Phase beginnen, die Umwandlung, da die äußeren Einflüsse auch zu einer Auflösung des Sturms während ET führen können.

Während der außertropischen Phase nimmt das ET–System auf Satellitenbildern das Erscheinungsbild eines außertropischen Tiefdruckgebiets an (Abb. 2.5, vgl. Abb. 2.2) und kann dabei typische Merkmale wie z.B. verstärkte Frontenbildung, einen kalten Kern und vermehrte Umwandlung verfügbarer potentieller Energie in wirbelkinetische Energie ausbilden. Dabei können Wärmeflüsse von der Ozeanoberfläche eine wichtige Energiequelle bleiben und das Freiwerden latenter Wärme kann weiterhin eine bedeutende Rolle spielen. Bei der Wechselwirkung mit einem außertropischen System kann sich das ET–System wieder verstärken. Die Reintensivierung kann dabei noch einige Tage nach dem Ende der Transformationsphase stattfinden. Findet keine Wechselwirkung statt, so kann man davon ausgehen, dass sich das ET–System immer

Abbildung 2.5: AVHRR–Aufnahme (sichtbarer Bereich von NOAA–12) vom 8. August 2004, 16:30 UTC des außertropischen Tiefdrucksystems, das sich aus Hurrikan Alex entwickelt hat. Das Sturmzentrum befindet sich ungefähr 500 km vor der irischen Küste. Die Kaltfront des Systems ist an dem ausgeprägten Wolkenband zu erkennen, das sich spiralförmig vom Zentrum des Tiefs nach Süden erstreckt. Auf Höhe des Sturmzentrums ist östlich des Wolkenbands ein Teil von England und Schottland zu sehen, Norwegen, Dänemark und Deutschland liegen am rechten Rand der Abbildung. Quelle: www.sat.dundee.ac.uk.

weiter abschwächt. Es kann dabei jedoch noch einige Tage als bedeutendes außertropisches Tiefdrucksystem bestehen bleiben.
Die obige Diskussion zeigt, dass es sich bei ET um einen sehr komplexen, zeitlich kontinuierlich ablaufenden Vorgang handelt. Der hier gegebene Überblick fasst nur die wichtigsten Gesichtspunkte zusammen und basiert auf dem aktuellen, ausführlichen Übersichtsartikel von Jones et al. (2003).

Einfluss von ET auf die mittleren Breiten

Durch die schweren Wetterereignisse, die mit einem ET–System verbunden sein können, wird der direkte Einfluss auf die mittlere Breiten

eindrucksvoll demonstriert. Hurrikan Hazel (1954, Palmén (1958)), eines der ersten ET–Systeme, dessen Umwandlung genauer untersucht wurde, durchlief als außertropisches System eine schnelle Reintensivierung und verursachte schweren Niederschlag und einen massiven Kaltlufteinbruch im Gebiet um Toronto, Kanada. Andere ET–Systeme wie z.B. Agnes (1972, Bosart und Carr (1978)) und Floyd (1999, Atallah und Bosart (2003)) führten zu exzessiven Niederschlägen im Nordosten der USA. Einige ET–Systeme können über ein gesamtes Ozeanbecken hinweg verfolgt werden (Lili 1996, Browning et al. (1998); Iris 1995, Thorncroft und Jones (2000)). Insbesondere das außertropische Sturmtief, dass sich aus Lili entwickelte verursachte schweren wirtschaftlichen Schaden in Nordwesteuropa und führte zum Tod von 7 Menschen[1].
In der Literatur sind einige Prozesse bekannt, die den Zustand der Atmosphäre in den mittleren Breiten in der Umgebung eines ET–Systems beeinflussen können. Die Advektion warmer und feuchter tropischer Luft kann die vertikale Stabilität verringern (Bosart und Lackmann, 1995), den Temperaturgradienten in der unteren Troposphäre verstärken und insbesondere zur Bildung einer ausgeprägten Warmfront führen (Harr und Elsberry, 2000). Beides kann im folgenden zur verstärkten außertropischen Zyklogenese beitragen. Das Freiwerden latenter Wärme in Zusammenhang mit starkem Niederschlag, der häufig an der sich bildenden Warmfront auftritt, kann zur diabatischen Änderung der Struktur des Strahlstroms führen (Atallah und Bosart, 2003). In tropopausennähe gelangen Luftmassen, die aus dem tropischen Wirbelsturm ausströmen und geringe PV-Werte besitzen, in die mittleren Breiten. Bosart und Lackmann (1995) und Henderson et al. (1999) haben gezeigt, dass dieser Prozess eine Rückenbildung im angrenzenden Bereich stromabwärts begünstigen kann.
Der Einfluss auf die mittleren Breiten ist nicht auf die Umgebung des ET Systems beschränkt, sondern kann ein viel größeres geographisches Gebiet betreffen. Die komplexen Wechselwirkungen während ET können, insbesondere stromabwärts, zu einer Veränderung der synoptisch–

1 Quelle: Münchener Rück NatCatSERVICE

skaligen Strömung der mittleren Breiten führen und insbesondere Strömungsmuster ausbilden, die zu explosiver Zyklogenese (Hoskins und Berrisford, 1988) oder Starkniederschlägen (Martius, 2006) in weiter Entfernung führen können. Auch in Vorhersagbarkeitsstudien ist ein Einfluss auf den großräumigen Bereich stromabwärts zu erkennen. Laufenden Untersuchungen mit dem Ensemble–Vorhersagesystem des ECMWF zeigen hohe Unsicherheiten in der numerischen Vorhersage des ET–Systems selbst. Ein Bereich erhöhter Unsicherheit breitet sich in der weiteren Entwicklung auch auf das Gebiet stromabwärts des ET–Systems aus (Harr et al., 2006).
Die Anregung und Ausbreitung eines Rossby–Wellenzuges am Gradienten der potentiellen Vorticity (PV), der mit dem Strahlstrom der mittleren Breiten verbunden ist, ist möglicherweise ein wichtiger Mechanismus, durch den sich der Einfluss eines ET–Systems stromabwärts ausbreitet. Grund zu dieser Annahme liefern z.B. Ferreira und Schubert (1999), die bei einer Untersuchung zur Bildung tropischer Höhentröge in einem Flachwassermodell gezeigt haben, dass durch den Einfluss eines vorgegebenen Wirbels mit den Charakteristiken eines tropischen Wirbelsturms die Bildung eines Trogs durch Ausbreitung kurzwelliger Rossbywellen angeregt werden kann. Schwierz et al. (2004) haben darüber hinaus in einem barotropen Modell gezeigt, dass ein Strahlstrom mit realistischer Charakteristik tatsächlich als Wellenleiter für gefangene (*trapped*) Rossbywellen, die durch einen synoptisch–skaligen Wirbel ausgelöst werden, fungieren kann.
In einer geschichteten Atmosphäre ist zu erwarten, dass die Ausbreitung von Rossby–Wellen, wie sie für barotrope Bedingungen in den obigen Studien untersucht wurde, durch barokline Prozesse modifiziert wird. Wird vorderseitig eines Höhentrogs die Bildung eines Bodentiefs ausgelöst, so kann durch barokline Energieumwandlung der Wellenzug in der Höhe verstärkt werden. Dieses Konzept wurde von Orlanski und Sheldon (1995) als barokline Entwicklung stromabwärts (engl.: *downstream baroclinic development*) bezeichnet. Durch das Freiwerden latenter Wärme während des Lebenszyklus des Tiefdruckgebiets kann die weitere Aus-

breitung des Wellenzugs zusätzlich beeinflusst werden.
Wenige Arbeiten haben bisher untersucht, wie ein ET–Ereignis den Bereich stromabwärts beeinflusst. Röbcke et al. (2004) benutzen eine Trajektorienkalkulation, um Luftmassen, die in der Höhe aus Hurrikan Erin (2001) ausströmten, über mehrere Tage hinweg zu verfolgen. Diese Analyse legt nahe, dass die ausströmende Luft an der beobachteten Rückenbildung über dem Nordatlantik beteiligt war und teilweise von der amerikanischen Ostküste bis zur Iberischen Halbinsel gelangt ist. In verschiedenen Fallstudien von ET (Lili (1996) und Irene (1999), Agustí-Panareda et al. (2004, 2005); Earl (1998), McTaggart-Cowan et al. (2001)) wird in operationellen Vorhersagemodellen die PV-Struktur des tropischen Wirbelsturms entfernt und die Vorhersage mit den veränderten Anfangsbedingungen wiederholt. Der Schwerpunkt dieser Arbeiten liegt allerdings auf der Entwicklung des ET–Systems in der außertropischen Phase und die weitere Entwicklung stromabwärts wird nur am Rande betrachtet. Agustí-Panareda et al. (2004) haben dabei beobachtet, dass die ET von Irene (1999) vor der Ostküste von Nordamerika die Bildung eines Bodentiefs im Golf von Biskaya begünstigt hat.
Ritchie und Elsberry (2003, 2007) führen, ähnlich wie in dieser Arbeit, numerische Experimente idealisierter ET–Szenarien durch. Das Hauptaugenmerk dieser Arbeiten liegt auf der Entwicklung des ET–Systems in der außertropischen Phase in Abhängigkeit der Struktur eines Höhentrogs in den mittleren Breiten sowie der relativen Position des Wirbelsturms. Die weitere Entwicklung stromabwärts wird in diesen Arbeiten nicht betrachtet.

3

Konzept der potentiellen Vorticity

Die potentielle Vorticity (PV) ist eine Variable, die die thermodynamischen und kinematischen Eigenschaften einer Strömung in sich vereint. In der hier vorliegenden Arbeit wird Ertels PV (Ertel, 1942) verwendet, die definiert ist als

$$q = \frac{1}{\rho} \vec{\eta} \cdot \vec{\nabla} \theta, \tag{3.1}$$

wobei ρ die Dichte, $\vec{\eta}$ die absolute Vorticity, θ die potentielle Temperatur und $\vec{\nabla}$ den dreidimensionalen Nabla–Operator bezeichnet. Ertels PV ist für adiabatische Strömungen eine Erhaltungsgröße. Soweit nicht anders angegeben, bezeichnet die Abkürzung PV im folgenden Ertels PV.

Diejenigen Wettersysteme, deren Dynamik weitgehend balanciert ist, besitzen eine für sie charakteristische PV–Struktur. Unter Balance versteht man hier und im folgenden, dass eine diagnostische Beziehung zwischen der Masse– und der Windverteilung im Strömungsfeld besteht. Die Entwicklung dieser Wettersysteme kann dann anhand der Veränderung ihrer PV–Struktur betrachtet werden. Auch beim Auftreten diabatischer Prozesse ist die PV eine nützliche Variable, da hier PV–Strukturen, deren Entstehung nicht durch Advektion erklärt werden kann, gerade die dynamische Relevanz diabatischer Prozesse widerspiegeln (z.B. Stoelinga, 1996).

Neben der materiellen Erhaltung ist die Invertierbarkeit die zweite wichtige Eigenschaft der PV. Ähnlich wie die absolute Vorticity die gesamte dynamische Information eines barotropen Fluids in sich trägt, beinhaltet die potentielle Vorticity die Information über die gesamte Wind– und

Massenverteilung einer Strömung. Sind neben der PV–Verteilung eine Balancebedingung, eine Referenzverteilung der potentiellen Temperatur sowie geeignete Randbedingungen gegeben, können das Wind– und Massefeld der Strömung durch Inversion eines Laplace–Operators aus der PV–Verteilung berechnet werden. In diesem Sinne betrachtet man bei der Inversion immer Abweichungen der PV von einer bestimmten Hintergrundsverteilung. Dieser Grundzustand kann z.B. durch eine klimatologische Verteilung oder durch zeitliche oder räumliche Mittelung definiert werden. Die Strömung, die mit einer bestimmten PV–Anomalie verbunden ist, kann als von der Anomalie *induzierte* Strömung bezeichnet werden (Hoskins et al., 1985).

Einige Zusammenhänge zwischen einer PV–Anomalie und der damit verbundenen Stromfunktion lassen sich durch Betrachtung der potentiellen Vorticity unter quasigeostrophischer Näherung erkennen. Die quasigeostrophische PV, q_g, auf der β–Ebene ist definiert als

$$q_g = f + \frac{\partial^2 \Psi}{\partial x^2} + \frac{\partial^2 \Psi}{\partial y^2} + \rho_0^{-1} \frac{\partial}{\partial z} \left(\rho_0 \frac{f_0^2}{N^2} \frac{\partial \Psi}{\partial z} \right), \tag{3.2}$$

dabei sind x, y, z die zonale, meridionale, bzw. vertikale Koordinate, $f = f_0 + \beta y$ der Coriolisparameter, Ψ die Stromfunktion des geostrophischen Windes $\vec{v}_g = (-\frac{\partial \Psi}{\partial y}, \frac{\partial \Psi}{\partial x})$, $\rho_0(z)$ ein Referenzprofil der Dichte und N die Brunt–Väisälä–Frequenz. Unter adiabatischen Bedingungen ist q_g bei Advektion durch den geostrophischen Wind materiell erhalten. Vernachlässigt man Dichtevariationen mit der Höhe und betrachtet eine einheitliche vertikale Schichtung ($N^2 = const$), so kann man Gl. 3.2 schreiben als

$$L_g \Psi = q_g - f \tag{3.3}$$

mit dem modifizierten Laplace–Operator

$$L_g = \frac{\partial^2}{\partial x^2} + \frac{\partial^2}{\partial y^2} + \frac{f_0^2}{N^2} \frac{\partial^2}{\partial z^2}. \tag{3.4}$$

Skaliert man die Vertikalkoordinate mit $H \sim fL/N$, wobei L die charakteristische horizontale Skala beschreibt, so erhält man den dreidimensio-

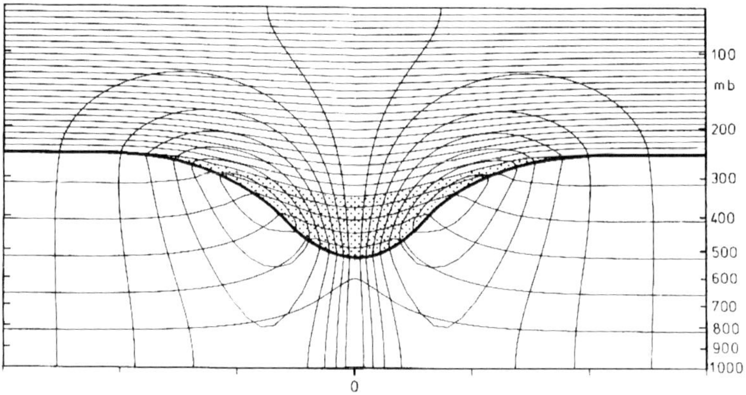

Abbildung 3.1: Vertikalschnitt durch eine axialsymmetrische Strömung unter Gradientwind–Balance, die durch eine idealisierte Tropopausenanomalie induziert wird. Die PV–Anomalie befindet sich im gepunkteten Bereich und wurde über eine kosinusförmige θ–Anomalie ($\Delta\theta_{max} = -24\,K$) auf der Tropopause (dicke Kontur) definiert. Die konzentrischen Konturen zeigen die Strömung durch die Zeichnungsebene (alle $3\,\mathrm{m\,s^{-1}}$, die Nulllinie auf der Symmetrieachse wurde ausgelassen), die horizontalen Konturen θ (alle 5 K). Die Unterteilung der horizontalen Achse beträgt 833 km (Abb. 15 aus Hoskins et al., 1985).

nalen Laplace–Operator. Aus den Eigenschaften dieses Operators sieht man, dass die Stromfunktion eine geglättete Version der PV–Anomalie darstellt. Insbesondere erstreckt sich der Einfluss der PV–Anomalie auf die Strömung auch auf den Bereich außerhalb der Anomalie selbst. Ein lokales Maximum der PV–Verteilung (positive PV–Anomalie) ist auch mit einem lokalen Maximum der Stromfunktion, d.h. mit einer zyklonalen Strömung verbunden. Ebenso induziert eine negative PV–Anomalie eine antizyklonale Strömung. Die vertikale Ausbreitung der Störung wird durch einen stärkeren Coriolisparameter, eine größere horizontale Ausdehnung und insbesondere durch eine geringere vertikale Stabilität der Schichtung begünstigt.

Diese Überlegungen übertragen sich auch auf Ertels PV und nichtlineare Balance (Charney, 1955). Abb. 3.1 illustriert die Strömung, die mit einer idealisierten Tropopausenanomalie verbunden ist. Die Brunt–Väisälä–Frequenz N ist dabei in der Stratosphäre 6 Mal so hoch wie in

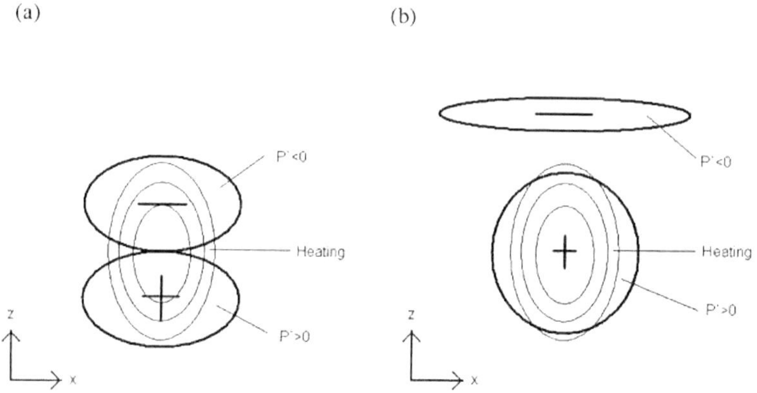

Abbildung 3.2: Schema zur Erzeugung von PV–Anomalien (P') durch (a) unmittelbares und (b) kontinuierliches diabatisches Heizen. Abb. 1 aus Pomroy und Thorpe (2000), nach Wernli (1995).

der Troposphäre. Die Vertiefung in der Tropopause stellt eine positive PV–Anomalie dar und wird zyklonal umströmt. Man sieht deutlich, wie sich die Strömung horizontal und vertikal in den Bereich außerhalb der Anomalie ausbreitet. Die vertikale Ausdehnung in die deutlich stabiler geschichtete Stratosphäre ist merklich geringer. Man beachte, dass sich die Zirkulation bis zum Boden erstreckt.

3.1 PV–Denken

Die Erhaltungseigenschaft und die Invertierbarkeit der PV erlauben es, sich ein konzeptionelles Bild einer balancierten Strömung aufzubauen, das einzig auf der Verteilung der PV–Anomalien beruht. Die Anwendung dieses Konzeptes auf eine Strömung wird als PV–Denken bezeichnet (Hoskins et al., 1985).

In den mittleren Breiten treten PV–Anomalien typischerweise nahe der Tropopause und in der Temperaturverteilung oberhalb der planetaren Grenzschicht auf. Bretherton (1966) hat unter quasigeostrophischer Näherung gezeigt, dass sich Temperaturanomalien an einer Grenzfläche über eine δ–Funktion als unendlich flache PV–Anomalien direkt innerhalb des Gebiets ausdrücken lassen. Eine Warmluftanomalie am Boden entspricht dabei einer positiven und eine Kaltluftanomalie einer negativen PV–Anomalie. Anomalien können zudem durch diabatische Prozess gebildet werden. Die zeitliche Änderung der PV ist gegeben durch (Ertel, 1942)

$$\frac{dq}{dt} = \frac{1}{\rho}(\vec{\eta} \cdot \vec{\nabla}\dot{\theta} + \vec{\nabla} \times \vec{F} \cdot \vec{\nabla}\theta). \tag{3.5}$$

Dabei ist $\dot{\theta}$ die diabatische Änderung von θ innerhalb eines Luftpakets und $\vec{F}$ repräsentiert Reibungskräfte, die im folgenden jedoch vernachlässigt werden. Projiziert der Gradient der Änderung von θ auf den Vektor der absoluten Vorticity, so führt dies zur substantiellen Änderung der PV. Für synoptisch–skalige Wettersysteme spielt die vertikale Komponente von $\vec{\eta}$ die bedeutende Rolle und daher ist insbesondere auch die vertikale Struktur von $\dot{\theta}$ von Interesse. Betrachtet man ein lokales Maximum diabatischer Erwärmung, z.B. durch Freiwerden latenter Wärme, so kommt es unterhalb des Maximums zu einer Erhöhung, darüber zu einer Verringerung der vertikalen Stabilität (Abb. 3.2(a)). Über den Stabilitätsterm in Gl. 3.1 entsteht dadurch unterhalb der Heizung eine positive, darüber eine negative PV–Anomalie. Findet die diabatische Erwärmung durch das Freiwerden latenter Wärme statt, so ist damit in der Regel auch ein Aufsteigen der Luft verbunden. Dauert die diabatische Erwärmung über längere Zeit an[1], so verschiebt sich die positive Anomalie hin zum Maximum der diabatischen Erwärmung und die negative Anomalie in die obere Troposphäre (Abb. 3.2(b)). Durch die Vertikalbewgung nähert sich die Strömung wieder einem balancierten Gleichgewicht an, wobei, konsistent mit der PV–Struktur, auch Vorticityanomalien auftreten.
Die charakteristische PV–Struktur eines tropischen Wirbelsturms ist stark durch diabatische Prozesse geprägt und weist Ähnlichkeiten mit der idealisierten PV–Struktur in Abb. 3.2(b) auf. Eine starke positive Anomalie erstreckt sich vertikal fast über die gesamte Troposphäre, ist

1 d.h. über einen Zeitraum der größer oder gleich einer charakteristischen Zeitskala der vertikalen Advektion ist

horizontal aber mit kleinem Radius um das Sturmzentrum herum konzentriert. Eine schwächere, negative Anomalie mit geringer vertikalen Ausdehnung befindet sich gerade unterhalb der Tropopause und erreicht radial eine deutlich größere Ausdehnung als die positive Anomalie (Shapiro und Franklin, 1995). Die PV–Struktur eines Wirbelsturms wurde bisher jedoch nur in sehr wenigen Fällen untersucht. Durch das breite Spektrum an beobachteten Niederschlags– und Windstrukuturen sowie an Sturmintensitäten kann man damit rechnen, dass die oben beschriebene PV–Struktur des tropischen Wirbelsturms ebenfalls in sehr unterschiedlichen Ausprägungen auftritt.

Sehr viel besser belegt ist die PV–Struktur der mittleren Breiten. Ein Höhentrog ist dort mit einer positiven, ein Höhenrücken mit einer negativen PV–Anomalie nahe der Tropopause verbunden. Ein außertropisches Tief ist meist mit einem Höhentrog und damit auch mit einer positiven Höhenanomalie der PV verbunden. Durch die Ausprägung bodennaher Warm– und Kaltluftsektoren entsteht zudem ein horizontaler Dipol aus positiver und negativer Anomalie. PV–Anomalien in der unteren und mittleren Troposphäre sind mit der Vorticitystruktur der Frontalzonen des Tiefdruckgebietes verbunden oder werden durch diabatische Prozesse gebildet.

Agustí-Panareda et al. (2004) entwickelten ein Schema der PV–Anomalien, die an einer ET beteiligt sind. Trifft die Zirkulation des sich umwandelnden Wirbelsturms auf die barokline Zone der mittleren Breiten, so kommt es durch die Deformation des Temperaturfelds häufig zur Bildung einer Warmluftanomalie (1 in Abb. 3.3) und einer diabatisch erzeugten positiven Anomalie (2 in Abb. 3.3) in Zusammenhang mit Kondensationsprozessen durch isentropes Aufgleiten feuchter tropischer Luft. In der Regel ist eine außertropische Umwandlung durch die Wechselwirkung der positiven Höhenanomalie eines außertropischen Trogs (3 in Abb. 3.3) und dem positiven PV–Turm des tropischen Wirbelsturms (4 in Abb. 3.3) charakterisiert. Die in der Höhe ausströmende Luft kann durch die damit verbundene negative Anomalie (5 in Abb. 3.3) zu einer Verstärkung des PV–Gradienten in der Höhe führen.

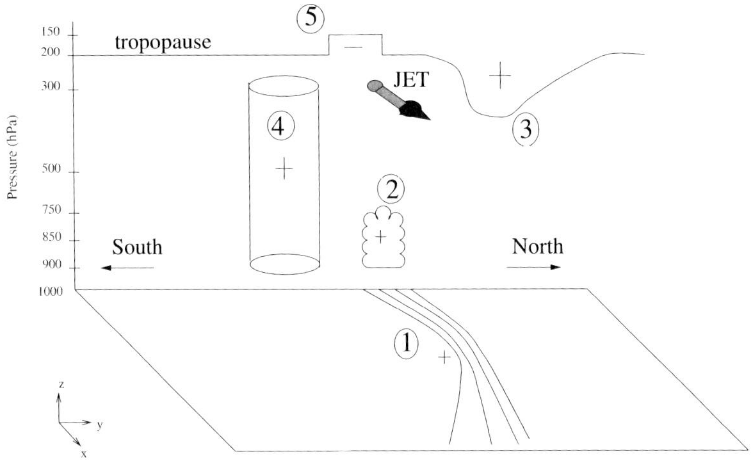

Abbildung 3.3: Schema der Verteilung von PV–Anomalien, die in Zusammenhang mit einer ET auftreten können (Abb. 1 aus Agustí-Panareda et al., 2004). Siehe Text für die Definition der Anomalien.

Hat man die PV–Anomalien, die an einem betrachteten Prozess beteiligt sind, identifiziert, kann man sich durch das Inversionsprinzip das Wind– und Massenfeld herleiten, das von einer bestimmten PV–Anomalie induziert wird. Die Windfelder der einzelnen Anomalien lassen sich dabei näherungsweise linear überlagern. Eine solche Aufteilung der gesamten PV–Verteilung in einzelne PV–Stücke und die Berechnung der damit verbundenen Windfelder nennt man *stückweise PV–Inversion* (Davis und Emanuel, 1991, Davis, 1992)

Durch die Erhaltungseigenschaft ist die zeitliche Entwicklung einer PV–Anomalie unter Ausschluss diabatischer Prozesse nur durch Advektion bestimmt. Berechnet man die Veränderung, die eine PV–Anomalie durch den Anteil des Windfeldes erfährt, der von einer anderen Anomalie induziert wird, so lässt sich der Einfluss dieser zweiten Anomalie an der Entwicklung der ersten Anomalie diagnostizieren. Auf diese Art und Weise lässt sich im Rahmen der betrachteten Näherung die Wechselwirkung der Anomalien untereinander quantitativ bestimmen.

3.2 Technik der PV–Inversion

Der Zusammenhang zwischen dem Geopotential Φ (Masse–) und der Stromfunktion Ψ (Strömungsfeld) wird in dieser Arbeit durch nicht–lineare Balance (Charney, 1955) beschrieben:

$$\nabla^2\Phi = \vec{\nabla}\cdot(f\vec{\nabla}\Psi) + 2\left[\frac{\partial^2\Psi}{\partial x^2}\frac{\partial^2\Psi}{\partial y^2} - \left(\frac{\partial^2\Psi}{\partial x\partial y}\right)^2\right], \quad (3.6)$$

wobei ∇ der horizontale Nabla–Operator ist.
Nicht–lineare Balance beruht auf der Annahme, dass der rotationsfreie Anteil der Strömung gegenüber dem nicht–divergenten Anteil vernachlässigbar ist. Diese Balancebedingung wurde schon in einer Reihe von Studien tropischer Wirbelstürme erfolgreich angewendet (z.B. Wu und Kurihara, 1996), auch wenn die Divergenz in einem tropischen Wirbelsturm nicht notwendigerweise kleiner als die Vorticity ist. Nicht–lineare Balance wurde auch in vorangegangen Studien von ET (Agustí-Panareda et al., 2004, 2005, McTaggart-Cowan et al., 2001) und starker Zyklogenese (Davis et al., 1996, Ahmadi-Givi et al., 2004) angewendet. Nahe dem Zentrum des Wirbelsturms sowie im Ein– und Ausgangsbereich von Jet Streaks kann man erwarten, dass der rotationsfreie Anteil der Strömung eine vergleichbare Stärke wie der nicht–divergenten Anteil erreicht.
Drückt man Gl. 3.1 mit Hilfe von Φ und Ψ unter Annahme des hydrostatischen Gleichgewichts aus, so lässt sich Ertels PV schreiben als:

$$q = \frac{g\kappa\pi}{p}\left[(f+\nabla^2\Psi)\frac{\partial^2\Phi}{\partial\pi^2} - \frac{\partial^2\Psi}{\partial\pi\partial x}\frac{\partial^2\Phi}{\partial\pi\partial x} - \frac{\partial^2\Psi}{\partial\pi\partial y}\frac{\partial^2\Phi}{\partial\pi\partial y}\right], \quad (3.7)$$

mit Druck p, $\kappa = R_d/c_p$ (R_d ist die Gaskonstante trockener Luft, c_p die Wärmekapazität bei konstantem Druck) und der Exner–Funktion $\pi = c_p(p/p_0)^\kappa$ (p_0 =1000 hPa), die als Vertikalkoordinate dient. Für eine gegebene PV–Verteilung q stellen Gl. 3.6 und 3.7 ein geschlossenes Gleichungssystem für Φ und Ψ dar. Zur Lösung des Gleichungssystems werden an den seitlichen Rändern Dirichlet–Bedingungen verwendet und Werte von Φ und Ψ vorgegeben. Neumann–Randbedingungen der Form

$$\frac{\partial \Phi}{\partial \pi} = f_0 \frac{\partial \Psi}{\partial \pi} = -\theta \tag{3.8}$$

liefern die unteren und oberen Randwerte. Als Grundzustand dient eine ruhende Atmosphäre vor einer Hintergrundstabilität, die durch die schichtweise Mittelung von θ gegeben ist. Das Gleichungssystem wird iterativ durch sukzessive Überrelaxation gelöst, wobei die Lösung nur für positive PV–Werte konvergiert. Negative Werte werden daher im Laufe der Inversion auf einen kleinen, positiven Wert gesetzt[1]. Eine genaue Beschreibung des angewendeten numerischen Verfahrens findet sich im Anhang A von Davis und Emanuel (1991).
Die Inversion wird auf Druckflächen mit einer vertikalen Auflösung von 50 hPa durchgeführt. Die unterste Schicht befindet sich dabei auf 870 hPa, die oberste auf 70 hPa. Als obere und untere Randbedingung wird die gemittelte potentielle Temperatur zwischen 70 und 20 hPa bzw. 920 und 870 hPa verwendet. Eine Variation der Druckschichten sowie der vertikalen Auflösung zeigten keinen Einfluss auf das Ergebnis der Inversion. Als seitliche Randbedingung für Φ benutzt man das Geopotential aus dem Modell auf den entsprechenden Druckflächen. Für Ψ wird als Randbedingung die Stromfunktion verwendet, die sich aus der Inversion der Modellvorticity unter Annahme verschwindender Divergenz am Rand des Inversionsgebiets ergibt. Die Randbedingungen für Φ und Ψ sind also nur in dem Maße genau, wie auch die Balancebedingung Gültigkeit besitzt.
Der Einfluss der unsicheren Randbedingungen ist in der Nähe der Ränder am stärksten. Man möchte das Inversionsgebiet daher möglichst groß wählen und um das zu untersuchende Gebiet herum zentrieren. Das numerische Lösungsverfahren konvergiert jedoch nur bis zu einer

1 Mit negativen PV–Werten sind dynamische Instabilitäten (Trägheits- oder Schichtungsinstabilität) verbunden. Diese Instabilitäten werden in der Atmosphäre in der Regel schnell aufgelöst und negative PV–Werte treten daher selten auf. Eine Modifikation dieser Werte beeinträchtigt die Aussagefähigkeit der Lösung nicht.

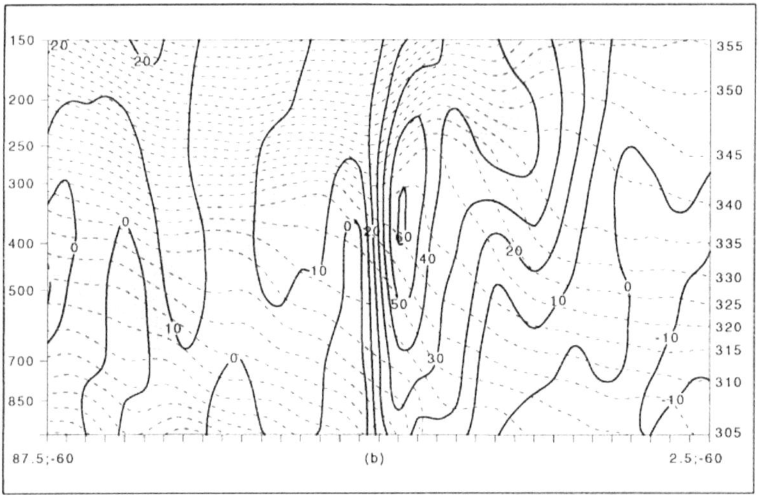

Abbildung 3.4: Vertikaler Querschnitt von θ (gestrichelt, alle 5 K), PV (Werte zwischen 1 und 3 PVU schattiert) und Isotachen der zonalen Windgeschwindigkeit (durchgezogen, alle $10\,\mathrm{m\,s^{-1}}$) entlang 60°W von 87.5°N bis 2.5°N am 12. März 1993, 00 UTC (Abb. 1 aus Morgan und Nielsen-Gammon, 1998).

bestimmten Größe des Inversionsgebiets. Die Position des Inversionsgebiets wird daher für verschiedene Zeitpunkte angepasst sowie seine maximale Größe empirisch bestimmt. Die Größe beträgt dabei ungefähr 8400 km × 4200 km. Eine Variation der Gebietsgröße zeigte in ausreichender Entfernung vom Rand ($\sim$ 600 km) keinen Einfluss auf das Ergebnis der Inversion.

Die Aufteilung der PV–Verteilung in einzelne Anomalien unter nicht–linearer Balance ist formal nicht linear. Davis und Emanuel (1991) und Davis (1992) haben jedoch gezeigt, dass sich unter der Annahme einer Symmetriebedingung und einem geeigneten Inversionsverfahren die Gesamtströmung in guter Näherung in Strömungsanteile zerlegen lässt, die von einzelnen, räumlich getrennten Anomalien induziert werden.

3.3 Signifikanz der dynamischen Tropopause

Die Stratosphäre ist auf Grund ihrer sehr stabilen vertikalen Schichtung durch deutlich höhere PV–Werte geprägt, als man sie in der Regel in der Troposphäre vorfindet. Die weitgehend kontinuierliche Zunahme der PV mit der Höhe in Tropopausennähe erlaubt daher eine Definition der Tropopause über eine PV–Fläche. In der Literatur werden für die Definition dieser Fläche Werte zwischen 1.5 und 3 PVU (1 PVU = 1 x 10^{-6} K m^2 kg^{-1} s^{-1}) vorgeschlagen.
Abb. 3.4 zeigt den meridionalen Verlauf der Tropopause in einer Momentaufnahme der realen Atmosphäre. Die hohe Lage der Tropopause in den Tropen und Subtropen sowie eine niedrige Tropopause in der Polarregion mit einer starker Neigung in den mittleren Breiten ist ein charakteristisches Merkmal des Tropopausenverlaufs. Eine hohe Tropopause ist auch mit hohen θ–Werten verbunden, eine niedrige Tropopause dagegen mit niedrigen θ–Werten. Die Windmaxima des polaren und subtropischen Strahlstroms befinden sich in Gebieten mit starker Tropopausenneigung und damit auch einem hohen θ–Gradienten auf der Tropopause. In der Nähe des Äquators ist die Definition der Tropopause über die PV nicht zuverlässig, da der Coriolisparameter zum Äquator hin gegen Null geht und der PV–Bereich von 1.5 bis 3 PVU stark ansteigt. Die Literatur liefert keine Werte dafür, ab welcher geografischen Breite die Darstellung der Tropopause über eine PV–Fläche Gültigkeit besitzt. Durch die Betrachtung dynamischer Tropopausenkarten aus Analysedaten lässt sich je nach synoptischer Situation ein Grenzwert von 15°–25° abschätzen.
In der hier vorliegenden Arbeit wird für die Tropopause ein Wert von PV = 2 PVU verwendet. Auslenkungen in der Tropopausenhöhe lassen sich als Anomalien in der θ–Verteilung auf der 2–PVU Fläche erkennen. Da die PV–Verteilung in der oberen und mittleren Troposphäre durch Auslenkung der Tropopause dominiert ist, stellt die Darstellung von θ auf der 2–PVU Fläche eine kompakte Repräsentation der dreidimensionalen PV–Verteilung in der oberen Troposphäre dar. Diese Darstellung

wird auch als Tropopausenkarte bezeichnet. Niedrige Werte von θ entsprechen dabei einer niedrigen Tropopause und damit einer positiven PV–Anomalie in der Höhe. Analog dazu entsprechen hohe θ–Werte einer hohen Tropopause und einer negativen PV–Anomalie. Zudem ist θ auf einer PV–Fläche ebenso wie PV auf einer Isentrope für adiabatische Strömung materiell erhalten. Die Änderung der θ–Anomalien lässt sich daher in guter Näherung durch den gegebenen Wind auf Tropopausenniveau herleiten und man kann sich die Entwicklung analog zum PV–Denken erklären.
Die Bedeutung und Anwendbarkeit von Tropopausenkarten für verschiedene Wettersysteme wurde von Morgan und Nielsen-Gammon (1998) eingehend untersucht.

4

Numerisches Modell

4.1 Allgemeine Beschreibung

Zur Durchführung der numerischen Experimente wird das Modellsystem MM5 Version 3 verwendet, dass an der PennState University und am National Center of Atmospheric Research entwickelt wurde (Grell et al., 1995). Das MM5 ist ein mesoskaliges Modell, das die nicht–hydrostatischen primitiven Gleichungen in einem begrenzten Gebiet zeitlich integriert. Es wird innerhalb der Forschung und der Vorhersage von Wettersystemen auf verschiedenen horizontalen Skalen eingesetzt. Als horizontales Gitter verwendet es ein Arakawa–Lamb–B–Gitter und als Vertikalkoordinate die geländefolgende σ–Koordinate. Bei der zeitlichen Integration wird zwischen *schnellen*[1] und *langsamen* Termen unterschieden. Die langsamen Terme werden durch ein Leapfrog–Verfahren mit Asselin–Filter berechnet, für die schnellen Terme wird ein kürzerer Zeitschritt sowie ein semi–implizites Verfahren verwendet. Das Modell verfügt über die Möglichkeit einen ausgewählten Bereich (das Nest) in einer höheren Auflösung darzustellen (*Nesting*). Das Nest verhält sich wie ein eigenes Integrationsgebiet und erhält seine Randdaten von dem größeren Gebiet (Muttergebiet). Die zeitliche Integration im Nest wird mit einem der höheren räumlichen Auflösung angepasstem geringeren Zeitschritt durchgeführt. Entspricht das Verhältnis der Auflösung des Muttergebiets zu der des Nests genau 3:1, so können die höher aufgelösten Daten vom Muttergebiet übernommen werden (2–Wege–Nesting). Zudem kann

1 Die schnellen Terme beschreiben die Schallwellen.

das Nest im Laufe der Simulation bewegt werden. Da für eine realistische Darstellung des Wirbelsturms eine hohe horizontale Auflösung (5-20 km) zwingend ist, anderseits aber für die barokline Entwicklung ein sehr großes Integrationsgebiet (≈10000 km) benötigt wird, ist das Nesting für die hier präsentierten Experimente von zentraler Bedeutung. Zudem muss das Muttergebiet die Daten des Nests übernehmen können, da der Einfluss des tropischen Wirbelsturms, insbesondere durch die in der Höhe ausströmende Luft, weit über die Grenzen des Nests hinaus wirkt.

4.1.1 Parametrisierungen

Für das MM5 stehen eine Reihe verschiedener Parametrisierungen für subskalig ablaufende Prozesse zur Verfügung. Die Philosophie der hier vorgestellten Experimente ist es, nur die wichtigsten physikalischen Prozesse zu berücksichtigen, um durch eine Verringerung der Komplexität die Interpretation der Modellergebnisse zu erleichtern. Die wichtigste Energiequelle eines tropischen Wirbelsturms sind die fühlbaren und latenten Wärmeflüsse aus der Ozeanoberfläche in die planetare Grenzschicht der Atmosphäre. Für die Umsetzung der Energie spielen Kondensationsprozesse und das konvektive Aufsteigen der Luft in der Augenwand einen entscheidende Rolle (siehe Kapitel 2). Für die Darstellung eines Wirbelsturms im Modell werden daher Parametrisierungen für die Prozesse in der planetaren Grenzschicht, für die Phasenübergänge des Wassers (*Mikrophysik*), sowie für subskalige Konvektion benötigt. Als Grenzschichtschema findet das Blackadar–Schema (Zhang und Anthes, 1982) Verwendung, das für eine hohe vertikale Auflösung innerhalb der Grenzschicht entwickelt wurde und sich vielfach in anderen numerischen Simulationen von tropischen Wirbelstürmen bewährt hat (z.B. Kimball und Evans, 2002, Frank und Ritchie, 2001, Rogers et al., 2003, Liu et al., 1997). Phasenübergänge werden durch ein explizites Mikrophysikschema (Reisner et al., 1998) repräsentiert, das prognostische Gleichungen für Wolken– und Regenwasser, sowie für Eispartikel und unterkühltes Wasser enthält. Subskalige Konvektion wird durch das Kain–Fritsch–

Schema behandelt (Kain und Fritsch, 1993, Kain, 2004). Es handelt sich dabei um ein Massenflussschema, das auf der Annahme beruht, dass innerhalb einer Relaxationszeit die gesamte konvektiv verfügbare potentielle Energie (*CAPE*) aus einer Gitterzelle umgesetzt wird. Ein spezielles Wolkenmodell legt dabei den Anteil der Auf– und Abwinde, sowie das vertikale Profil des Massenaustauschs zwischen Wolken– und Umgebungsluft fest. Das Schema stellt die Erhaltung von Masse, Impuls, Wärmeenergie und des Gesamtwassergehalts sicher und enthält in der hier verwendeten Version zudem eine Parametrisierung für flache Konvektion. Es wurde speziell für mesoskalige Modelle mit einer horizontalen Skala von ∼20 km entwickelt. Aus Konsistenzgründen wird dasselbe Konvektionsschema auch im äußeren Gebiet mit 60 km Auflösung verwendet.

In Sensitivitätsstudien mit anderen Mikrophysik– und Konvektionsschemata hat sich herausgestellt, dass es zu stärkeren lokalen Maxima in den Aufwinden innerhalb der Augenwand kommt, wenn ein Mikrophysikschema mit weniger Phasen verwendet wird. Ebenfalls stark lokalisierte Aufwinde werden für das Betts–Miller–Konvektionschema (Betts und Miller, 1993), bei dem die Wärme– und Feuchtetendenzen aus der Relaxation an ein vorgegebenes Hintergrundprofil berechnet werden und das für deutlich niedrigere horizontale Auflösung entwickelt wurde, beobachtet. Dort scheint die Stärke der Konvektion überschätzt zu werden. Während ET ist das Verhalten der Konvektion unter dem Einfluss zunehmender vertikaler Scherung des Umgebungswinds einer der wichtigsten Prozesse, der die strukturellen Änderungen des Sturms bestimmt (siehe Kapitel 2). Die komplexeren Mikrophysik– und Konvektionsschemata kommen einer realistischen Darstellung dieser Konvektionsprozesse näher und daher wird ihnen gegenüber den einfacheren Parametrisierungen der Vorzug gegeben.

Strahlungsprozesse spielen in der Dynamik eines tropischen Wirbelsturms eine eher untergeordnete Rolle. Idealisierte Modellstudien haben zudem keine schlüssigen Ergebnisse über den Einfluss von Strahlungspa-

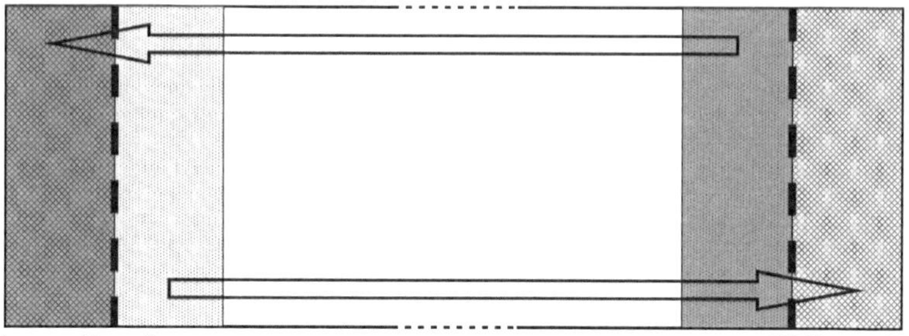

Abbildung 4.1: Schematische Darstellung der Implementierung periodischer Ränder. Nach jedem Zeitschritt werden die prognostischen Variablen in den gekreuzt schraffierten Gebieten mit den entsprechenden Werten aus den gepunkteten Gebieten überschrieben. Der periodische Modellbereich befindet sich zwischen den dicken, gestrichelten Linien.

rametrisierungen gezeigt (Craig, 1996). Im Sinne einer möglichst hohen Idealisierung finden Strahlungsprozesse daher keine Beachtung.

4.2 Modellanpassungen

4.2.1 Randbedingungen und Modellgleichungen

Um eine möglichste gute Vergleichbarkeit der numerischen Experimente mit den aus der Literatur bekannten Simulationen von Lebenszyklen barokliner Wellen zu gewährleisten, sowie um ein möglichst kleines Integrationsgebiet zu ermöglichen, wurden die Experimente für einen zonalen Kanal mit periodischen Rändern konzipiert. Da diese Randbedingungen für das MM5 standardmäßig nicht zur Verfügung stehen, waren Veränderungen im Quellcode des Modells notwendig.
Das MM5 wurde als Modell für ein begrenztes Gebiet entworfen, das durch vorgegebene Werte an den Rändern angetrieben wird. Um vom Rand zum Modellinneren einen möglichst glatten Übergang zu gewährleisten, werden bei dieser Randbedingung auf einer vorgegebenen Anzahl von Gitterpunkten ($ISPGD$, mit einem Standardwert von $ISPGD = 4$) die Modellvariablen künstlich an die vorgegebenen Randwerte angepasst (*Nudging*). Um die Änderungen im Modellcode mög-

lichst gering zu halten, wurde die Implementierung dieser Randbedingung nicht verändert. In der jetzigen Implementierung werden nach jedem Zeitschritt die Werte der prognostischen Variablen im östlichen und westlichen Randbereich auf einer Anzahl von N_{over} Gitterpunkten mit den entsprechenden Werten aus dem Modellinneren überschrieben (Abb. 4.1). Der periodisch wiederkehrende Bereich des Modells erstreckt sich von Gitterpunkt $N_{over}+1$ bis $NX-N_{over}$ (NX = Anzahl der Gitterpunkte in zonaler Richtung). Bei $ISPGD = 4$ erhält man mit $N_{over} = 6$ stabile periodische Ränder.
Möchte man periodische Ränder benutzen, so muss das Modell auf einem kartesischen Gitter rechnen. Die Projektion von der Geometrie der Erde auf das Modellgitter wird im MM5 mit Hilfe von *Mapping*–Faktoren bewerkstelligt. Diese wurden im Terrain–Programm des MM5–Modellsystems modifiziert, damit sich das Modellgitter wie ein kartesisches Gitter verhält. Die zonale Variation der Corioliskraft, die bei einer Projektion der Erdgeometrie auf das Modellgitter auftritt, wurde ebenfalls entfernt. Für die idealisierten Experimente wird die Corioliskraft gemäß $f_{cor} = 2\Omega sin(\frac{d}{A})$ berechnet, wobei $\Omega = 7.2021 \times 10^{-5} s^{-1}$, der Erdradius $A = 6370\,\mathrm{km}$ und d den Abstand vom Äquator bezeichnet, d.h. es wird in meridionaler Richtung die volle Änderung der Corioliskraft mit der geografischen Breite berücksichtigt. Der Äquator wird dabei auf Höhe des fünften Gitterpunkts vom Südrand des Modells festgelegt. In den prognostischen Gleichungen des Modells müssen zudem die Krümmungsterme vernachlässigt werden. Darüber hinaus wurde im Terrain–Programm für das gesamte Gebiet die Höhe der Orografie auf Null gesetzt sowie als Vegetationstyp Meerwasser eingesetzt.
Nach den ersten Modellläufen hat sich herausgestellt, dass ein fester Rand im Süden des Modells für längere Integrationszeiträume (10 Tage) keine geeignete Randbedingung darstellt. Durch starke Bodenwärmeflüsse und konvektive Umschichtungen kommt es dort zu einer stetigen Erwärmung der Atmosphäre[1]. An den meridionalen Rändern, an

1 Im Vergleich zur realen Atmosphäre fehlt in dem hier beschriebenen numerischen Modell der Prozess der langwelligen Ausstrahlung, so dass die Modellatmosphäre keine Möglichkeit hat die aufgenommene Energie auch wieder abzugeben.

denen die Randwerte für die prognostischen Variablen vorgeschrieben sind, kann diese Erwärmung nicht stattfinden. Es entsteht ein thermisches Ungleichgewicht, so dass eine ausgleichende Zirkulation in Gang gesetzt wird. Diese Zirkulation verstärkt jedoch die Bodenwärmeflüsse und bewirkt damit eine positive Rückkopplung. Im Laufe der Integration breitete sich die Zirkulation vom Rand aus immer weiter in das Modellinnere hinein aus. Die Randbedingung im Süden des Gebiets wurde daraufhin so geändert, dass sie einer Spiegelung des Gebiets am Äquator entspricht, d.h. man geht davon aus, dass die meteorologische Situation auf der Südhalbkugel gleich der auf der Nordhalbkugel ist und man explizit nur für die Nordhemisphäre rechnen muss. In der technischen Umsetzung wurde dafür der Gitterpunkt 5 als Äquator benutzt und für den zonalen und vertikalen Wind, die Feuchte, sowie den Druck am Äquator Gradientfreiheit definiert, indem die Werte auf den Gitterpunkten 1-5 gleich dem Wert auf Gitterpunkt 6 gesetzt wurden. Die meridionale Windkomponente soll am Äquator verschwinden und wurde auf den Gitterpunkten 1-5 auf Null gesetzt. Dadurch kann sich die Temperatur am Rand der Temperatur im Gebietsinneren anpassen, die unphysikalische Störzirkulation wurde sehr stark verringert und das Integrationsgebiet konnte verkleinert werden. Die Simulationsläufe wurden in Bezug auf die Rechenzeit günstiger und die Ergebnisse zudem belastbarer.

4.2.2 Autonomer Nestbewegungsalgorithmus

Das 2–Wege–Nesting ist für die numerischen Experimente von zentraler Bedeutung. Der Wirbelsturm bewegt sich im Laufe der Experimente über große Distanzen und die genaue Zugbahn des Sturms ist zu Beginn der Simulation nicht bekannt. Daher war es nötig, einen Algorithmus zu implementieren, mit dessen Hilfe sich das Nest automatisch mit dem Wirbelsturm mitbewegt. Das Nest kann dadurch auf die Umgebung des Wirbelsturms beschränkt werden und muss nicht die gesamte mögliche Zugbahn abdecken. Neben der immensen Einsparung an Rechenzeit hat dies den Vorteil, dass physikalische Prozesse, die nicht direkt mit dem Wirbelsturm in Verbindung stehen, konsistent mit derselben niedrigeren

Auflösung modelliert werden.
Anhand des Minimums des Bodendrucks wird im Laufe der Simulation jede Stunde das Zentrum des Wirbelsturms bestimmt. Hat sich dieses weiter als einen bestimmten Schwellenwert (≥120 km) in zonaler oder meridionaler Richtung von der Mitte des Nestes entfernt, wird das Nest verschoben und wieder auf das Sturmzentrum zentriert. Für die Verschiebung selbst stellt MM5 standardmäßig eine Unterroutine zur Verfügung.

4.3 Aufbau der Integrationsgebiete

Das äußere Integrationsgebiet besteht aus 301 Gitterpunkten in zonaler und 147 Gitterpunkten in meridionaler Richtung mit einer Auflösung von 60 km und festen Rändern in meridionaler und periodischen Ränder in zonaler Richtung. Es besitzt 41 vertikale Schichten mit variablem Abstand, 7 davon im untersten Kilometer der Atmosphäre. Zwischen 500 hPa und 90 hPa (der vertikale Bereich, innerhalb dessen sich im Laufe des Experiments die Tropopause bewegt) ist eine vertikale Auflösung von 500 m gegeben. Das Nest besitzt dieselbe vertikale Auflösung, jedoch mit einer horizontalen Auflösung von 20 km und 61×61 Gitterpunkte. Das Nest ist zu Beginn der Integration auf das Zentrum des Wirbelsturms zentriert und folgt diesem im Laufe der Integration (siehe Abschnitt 4.2.2). Der Strahlstrom ist um den meridionalen Gitterpunkt 79 zentriert. Dies entspricht einer geografischen Breiten von 40°N . Seine Struktur wird in Abschnitt 4.4.1 beschrieben. Südlich des Strahlstroms wird der Wirbelsturm in das Integrationsgebiet eingefügt (siehe Abschnitt 4.4.3). Für die Experimente mit einem geraden Strahlstrom (Kapitel 6) wird der Wirbelsturm zentriert auf den meridionalen und zonalen Gitterpunkt 46 (entspricht 22°N) bzw. 100 eingesetzt. Für die Experimente mit einer sich entwickelnden baroklinen Welle variiert die anfängliche Position. Die numerischen Experimente finden über Wasser statt und die SST beträgt soweit nicht anders angegeben im Süden des Jets 28°C. Sie nimmt nach Norden in gleichen Maße wie die An-

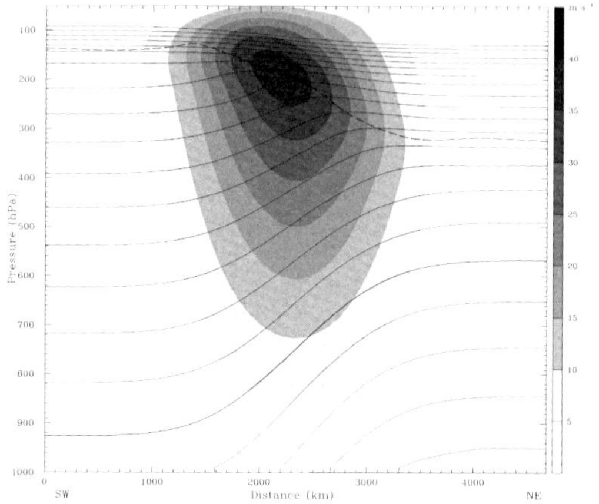

Abbildung 4.2: Vertikaler Querschnitt des Jetprofils von Süden (links) nach Norden (rechts). Die Windgeschwindigkeit ist schattiert, die Konturlinien zeigen die potentielle Temperatur (von 280 - 380 K im Abstand von 5 K) und die gestrichelte Konturlinie gibt die Lage der dynamischen Tropopause (2 PVU) an.

fangsverteilung des bodennahen Temperaturfelds ab und bleibt zeitlich konstant.

4.4 Initialisierung

4.4.1 Struktur des Strahlstroms

Die Massen– und Temperaturverteilung der Modellatmosphäre wird bei gegebenem vertikalen Temperatur– und Feuchteprofil am Südrand des Gebiets und einer vorgegebenen Windverteilung im Gebietsinneren in hydrostatischer und geostrophischer Balance initialisiert. Die Wind– und Temperaturprofile sind denen von Simmons und Hoskins (1980) sehr ähnlich und sind an ein mittleres Profil des Strahlstroms der mittleren Breiten angelehnt. Im Vergleich zum Profil von Simmons und Hoskins ist das Windprofil um einen Faktor 0.6 in meridionaler Richtung gedrängt. Das Maximum der Windgeschwindigkeit von $40\,\mathrm{m\,s^{-1}}$ befindet sich bei $175\,\mathrm{hPa}$. Gemessen am Abstand der $5\,\mathrm{m\,s^{-1}}$ Isotachen ist das Jetprofil ungefähr $3500\,\mathrm{km}$ breit. Das bodennahe meridionale Temperaturgradi-

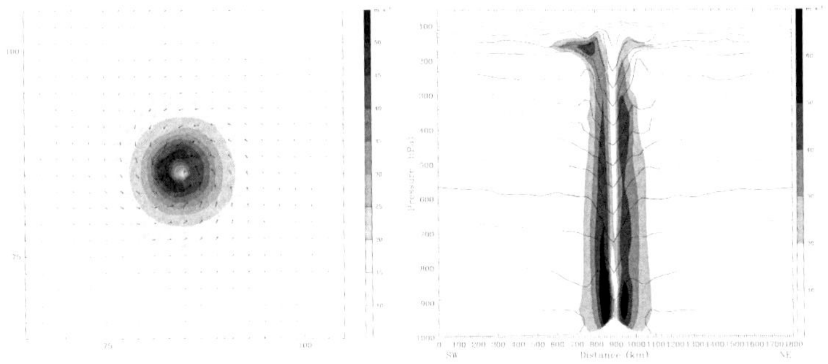

(a) (b)

Abbildung 4.3: Modell–Wirbelsturm nach 48 h Hochfahren auf der f–Ebene im hochaufgelösten Nest. (a) Windgeschwindigkeit (schattiert) und -richtung (Pfeile) in der untersten Modellschicht, Gittermarkierungen alle 5 Gitterpunkte (100 km). (b) Vertikalschnitt von Westen (links) nach Osten (rechts) durch das Zentrum des Wirbelsturms, Windgeschwindigkeit (schattiert) und virtuell–potentielle Temperatur (Konturlinien, alle 5 K, bis 380 K).

enten beträgt unterhalb der Jetachse ungefähr 1 K/100 km (Abb. 4.2). Das vertikale Temperaturprofil wurde in der oberen Troposphäre und unteren Stratosphäre im Vergleich zu Simmons und Hoskins modifiziert, um einen glatteren Tropopausenverlauf zu erreichen. Das Feuchteprofil entspricht einem mittleren Profil über eine Hurrikansaison in der Karibik (Jordan, 1958).

4.4.2 Struktur des Modellwirbelsturms

In einem gesonderten Modelllauf wird vor dem gleichen vertikalen Profil wie es am Südrand des oben beschriebenen Modellgebiets zu finden ist, die Entwicklung eines tropischen Wirbelsturms auf einer f–Ebene (20°N) angeregt und bis zum Erreichen eines näherungsweisen dynamischen Gleichgewichts integriert. Dieses Vorgang wird auch als *Hochfahren* des Wirbelsturms bezeichnet. Das äußere Gebiet für diesen Lauf ist bei einer Auflösung von 60 km 9000 km × 9000 km groß. Ein Nest mit 20 km Auflösung und 3360 km × 3360 km Ausdehnung ist in der Mitte des äußeren Gebiets zentriert. Als Anfangsstörung dient ein schwacher Wirbel mit maximaler Windgeschwindigkeit am Boden von 15 m s^{-1} bei

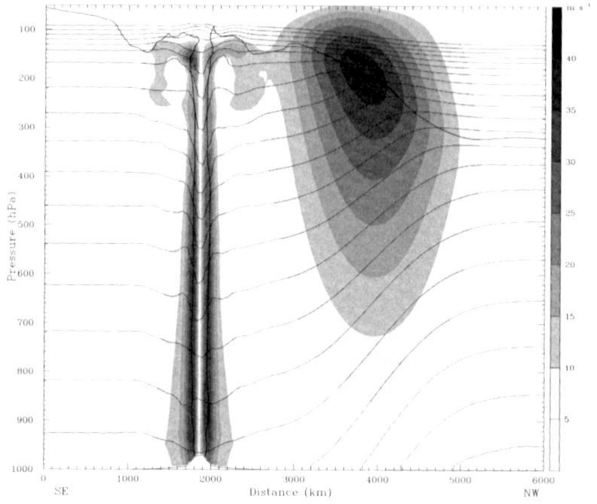

Abbildung 4.4: Wie Abb. 4.2, jedoch nach dem Einsetzen der Wirbelsturmdaten. Die dynamische Tropopause (2 PVU) ist durch eine durchgezogene Konturlinie markiert.

einem Radius von 120 km (so weit nicht anders angegeben), der sich in der Mitte des Gebiets befindet. Die Störung nimmt mit der Höhe langsam ab. Die genaue Struktur des Wirbels ist im Anhang D.1 beschrieben. Nach 48 h hat sich im Modell ein tropischer Wirbelsturm entwickelt, der realistische Strukturen aufweist. Der Sturm hat einen Kerndruck von 940 hPa und eine maximale Windgeschwindigkeit von fast $50\,\mathrm{m\,s^{-1}}$ in der untersten Modellschicht erreicht. Der Radius des maximalen Windes beträgt dabei ca. 60 km (Abb. 4.3(a)). Abb. 4.3(b) zeigt einen Vertikalschnitt durch das Sturmzentrum. Der Wirbelsturm ist in der mittleren Troposphäre (500 hPa) mit einer Warmanomalie von 10 K verbunden. Die Outflowschicht befindet sich zwischen 250 und 120 hPa mit Windstärken zwischen 10 und $20\,\mathrm{m\,s^{-1}}$ innerhalb eines Radius von 750 km.

4.4.3 Einsetzen der Wirbelsturmdaten

Um in den numerischen Experimenten den tropischen Wirbelsturm mit dem Strahlstrom der mittleren Breiten in Wechselwirkung zu bringen, müssen die Daten des tropischen Wirbelsturms in das Integrationsgebiet mit dem Strahlstrom eingesetzt werden. Abb. 4.4 illustriert die Anfangs-

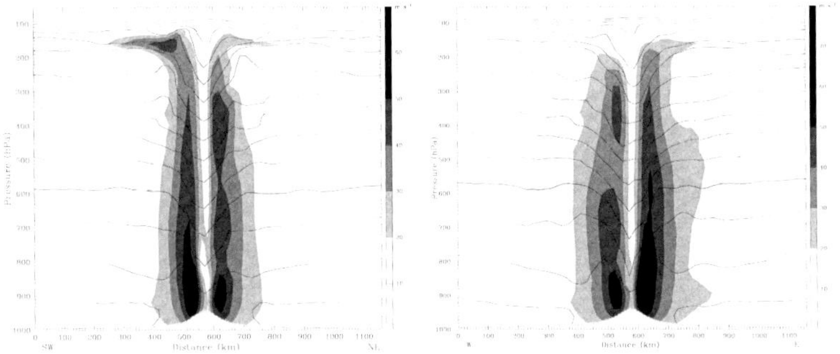

(a) (b)

Abbildung 4.5: Wie Abb. 4.3(b), jedoch für einen kleineren horizontalen Bereich. (a) nach 48 h Hochfahren auf der f–Ebene, (b) 36 h nach dem Einsetzen in das Gebiet mit dem Strahlstrom

bedingungen nach dem Einsetzen des Wirbels.
Aus technischen Gründen müssen die Daten des Wirbelsturms aus dem äußeren Gitter mit der niedrigeren Auflösung von 60 km übernommen werden. Die feinen Strukturen des Wirbelsturms gehen dabei verloren. Dies scheint jedoch kein großer Nachteil zu sein, da sich diese Strukturen innerhalb der ersten 36 h - 48 h wieder ausgebildet haben. Zudem muss sich der Wirbelsturm im neuen Modellgebiet auch an einen geänderten Gradienten der Hintergrundsvorticity anpassen, der mit der meridionalen Änderung der Corioliskraft und der Windscherung am südlichen Rand des Jetprofils verbunden ist. Der Anpassungsprozess ist abgeschlossen, bevor es zu einer ausgeprägten Wechselwirkung des Wirbelsturms mit dem Strahlstrom kommt.
Abb. 4.5 zeigt einen Querschnitt durch das Wirbelzentrum nach dem Hochfahren des Wirbels auf der f–Ebene sowie 36 h nach dem Einpflanzen in das eigentliche Modellgebiet. Beide Wirbel haben einen sehr ähnlichen Kerndruck und eine vergleichbare Struktur der Windgeschwindigkeiten in der Augenwand. Auch die thermische Struktur ist sehr ähnlich. Der eingepflanzte Wirbelsturm zeigt radial eine etwas größere Ausdehnung. Bedeutendere Unterschiede gibt es in der oberen Troposphäre im Bereich der ausströmenden Luft. Das Ausströmen ist 36 h nach dem Ein-

pflanzen nicht so stark ausgeprägt wie beim ursprünglichen Wirbel. Auf die Unterschiede in der Outflow–Schicht wird weiter unten in diesem Abschnitt noch näher eingegangen.

Der Wirbelsturm muss weit genug vom Strahlstrom entfernt eingepflanzt werden, damit zu Beginn des Experiments eine unrealistische Wechselwirkung zwischen den Systemen vermieden wird. Im weiteren Verlauf möchte man jedoch, dass möglichst bald die physikalisch stimmige Wechselwirkung einsetzt und dadurch die Integrationszeit minimiert wird. Der anfängliche Mindestabstand hängt, neben der Breite des Strahlstroms, von der räumlichen Begrenzung der Wirbelsturmdaten ab. Unter Beibehaltung der Strukturen, die sich beim Hochfahren entwickelt haben, sollen die Wirbelsturmdaten daher in einen möglichst kleinen Bereich des Integrationsgebiets eingepflanzt werden.

Zur Definition des Bereichs, aus dem die Daten des Wirbelsturms in das Gesamtgebiet übernommen werden, werden vom Sturmzentrum aus zwei Radien vorgegeben. Innerhalb des inneren Radius werden die Daten des Wirbelsturms unverändert übernommen, zwischen dem inneren und äußereren Radius werden die Daten mittels einer Gewichtungsfunktion kontinuierlich an die Hintergrundsdaten des Gesamtgebietes angepasst. Das 3–dimensionale Windfeld, die Temperatur, sowie die Druckstörung wurde dabei als Abweichung vom azimuthalen Mittel entlang des äußeren Radius berechnet und zum Hintergrundsfeld des Gesamtgebiets addiert. Die Feuchtevariablen (relative Feuchte, Wolken– und Regenwasser) wurden direkt übernommen.

Der Wirbelsturm besitzt nahe der Tropopause im Bereich der ausströmenden Luft seine größte horizontale Skala. Da man jedoch vermutet, dass gerade der Outflow bei der Wechselwirkung zwischen dem tropischen Wirbelsturm und dem Strömungsmuster der mittleren Breiten eine sehr wichtige Rolle spielt, wurde eingehend untersucht, wie stark man die Daten des Wirbelsturms räumlich begrenzen kann und welche Gewichtungsfunktion zum Anpassen in das Hintergrundsfeld am besten geeignet ist. Durch die räumliche Begrenzung und das Anpassen der Daten besitzt die Outflow–Schicht an ihrem Rand anfangs eine verstärkte

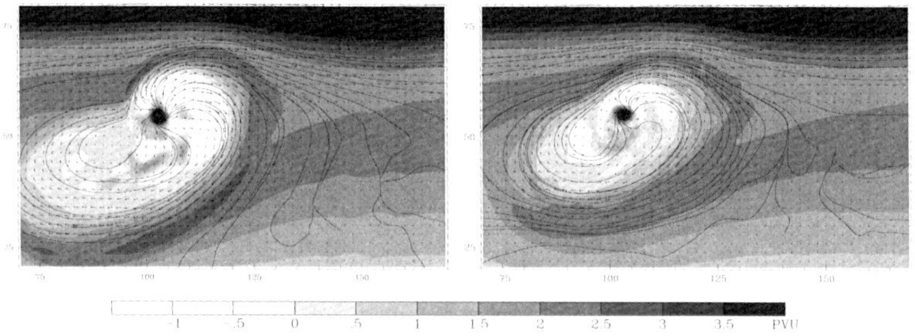

Abbildung 4.6: PV (schattiert), Stromlinien (Konturen) und Windpfeile auf $\theta = 360\,\mathrm{K}$ für den eingesetzten Wirbelsturm nach 84 h (links) und den Referenzlauf nach 96 h (rechts).

Scherung, die zu einem Ring erhöhter potentieller Vorticity um die ausströmende Luft führt. Um sicherzustellen, dass dieser künstliche Ring erhöhter PV die spätere Wechselwirkung des Outflows mit dem Strahlstrom nicht verfälscht, wurden verschiedene Varianten des Einsetzens der Daten mit einem Referenzlauf verglichen. In diesem Lauf wurde der Wirbelsturm innerhalb des Gebiets mit dem Strahlstrom hochgefahren, so dass die entstehenden Strukturen nicht durch die willkürliche Beschränkung des Datengebietes beeinflusst werden.

Abb. 4.6 zeigt die Struktur in der oberen Troposphäre zu Beginn der Wechselwirkung für den Lauf mit dem eingesetzten Sturm sowie für den Referenzlauf. Die Wirbelstürme in den beiden Läufen befinden sich dabei annähernd im gleichen Abstand zum Strahlstrom. Die Outflow–Schicht ist für den eingesetzten Wirbelsturm stärker ausgeprägt. Dies ist nicht überraschend, da in diesem Fall der Wirbelsturm schon zu Beginn der Integration ein reifes System mit entsprechender Outflow–Struktur darstellte. Auch im Referenzlauf befindet sich um die ausströmende Luft ein Ring erhöhter PV, so dass man davon ausgehen kann, dass diese Struktur kein bedeutendes Artefakt des Einsetzvorgangs darstellt. Im Lauf mit dem eingesetzten Wirbelsturm findet man nur im Süden des Sturmzentrums eine deutlich stärkere Ausprägung des PV–Rings. Man kann davon ausgehen, dass diese die Wechselwirkung nicht beeinflusst. In beiden Fällen orientiert sich die ausströmende Luft verstärkt in Richtung des Strahlstroms, wie sich an den Stromlinien und Windpfeilen erkennen lässt. Dies ist konsistent mit Betrachtungen bezüglich der Trägheitsstabilität (Rappin et al., 2004), die durch die antizyklonale Scherung an der Südflanke des Strahlstroms verringert ist. Das stärker ausgeprägte Ausströmen der Luft beim eingesetzten Wirbelsturm führt auch zu einer stärkeren Verformung der Outflow–Schicht in Richtung des Jets. Dies lässt sich im Referenzlauf im späteren Verlauf ebenfalls zu beobachten (nicht gezeigt). Aufgrund der ähnlichen Entwicklung der Wechselwirkung des Outflows mit dem Strahlstrom kann daher angenommen werden, dass das hier verwendete Verfahren zum Einfügen der Wirbelsturmdaten die Interpretation der numerischen Experimente nicht beeinträchtigt.

Unter den gegebenen Voraussetzungen haben sich als Werte für den inneren und äußeren Radius 600 km bzw. 1020 km als optimal erwiesen. Als Gewichtungsfunktion wurde ein linearer Übergang gewählt.

4.4.4 Anregung der baroklinen Lebensläufe

Zur Anregung der baroklinen Lebensläufe werden dem Strahlstrom zum Anfangszeitpunkt eine Kombination aus zyklonalen und antizyklonalen Windstörungen überlagert. Das anfängliche Temperaturfeld wird gemäß der Gradientwindbalance an diese Windstörungen angepasst. Die Störungen haben sowohl eine vertikal wie horizontal spezifizierbare Struktur und unterschiedliche Stärken. Die Anfangsstörungen werden in den Kapiteln der entsprechenden numerischen Experimente eingehender beschrieben. Die genaue Struktur, sowie die jeweils verwendeten Parameter, sind für die verschiedenen Fälle im Anhang D.2 dokumentiert.

5

Entwicklung barokliner Wellen im zonalen Kanal

Das Klima der mittleren Breiten ist geprägt durch den Wechsel von bodennahen Hoch- und Tiefdruckgebieten und den damit verbunden Wetterereignissen. Außertropischen Tiefdruckgebieten können mit orkanartigen Windgeschwindigkeiten und hohen Niederschlagsmengen verbunden sein. Sie stellen dadurch eine Gefährdung für den Menschen dar und können hohen wirtschaftlichen Schaden verursachen. Zudem spielt der meridionale Temperatur- und Feuchtetransport, der mit diesen Wettersystemen verbunden ist, eine wichtige Rolle in der allgemeinen Zirkulation der Atmosphäre und damit im Klimasystem der Erde. Ein dementsprechend breiter Raum wurde und wird der Untersuchung dieser Systeme in der Meteorologie eingeräumt.

Eine theoretische Basis für unser heutiges Verständnis über die Bildung von Hoch– und Tiefdruckgebieten liefern die Arbeiten von Eady (1949) und Charney (1947). Sie untersuchten die Instabilität einfacher barokliner Strömungen und fanden analytische Lösungen für das lineare Wachstum wellenförmiger Störungen des Grundzustands (Normalmoden). Die Struktur und Wachstumsrate der Lösung, die dabei das schnellste Wachstum zeigte, weist Charakteristika auf, die mit der Längen- und Zeitskala beobachteter Tiefdruckgebiete vergleichbar sind. Diese Arbeiten prägen den Begriff der *baroklinen Wellen* und man folgerte daraus, dass sich Hoch- und Tiefdruckgebiete aus der inhärenten Instabilität der Strömung (*barokline Instabilität*) in den mittleren Breiten, die durch den Temperaturunterschied zwischen kalten polaren und warmen tropischen Luftmassen entsteht, entwickeln.

Anhand numerischer Simulationen wurde diese Theorie Mitte der 70er Jahre auf sphärische Geometrie, realistischere Strömungsprofile, das primitive Gleichungssystem (Gall, 1976a, Simmons und Hoskins, 1976, 1977) und vor allem auch in die nicht-lineare Wachstumsphase barokliner Wellen erweitert, sowie der gesamte Lebenszyklus der Systeme untersucht (Gall, 1976c,b, Simmons und Hoskins, 1978). Als Anfangsbedingungen für diese Experimente wurde ein in meridionaler Richtung beschränkter Strahlstrom verwendet, dessen Struktur einem klimatologischen Mittel der realen Atmosphäre entspricht.
Neben der Untersuchung der baroklinen Entwicklung an sich werden diese Art von Simulationen auch verwendet um vor einem idealisierten Hintergrund die damit verbundene Bildung bodennaher Fronten (Hoskins und West, 1979, Davies et al., 1991), die Frontenbildung in der mittleren und oberen Troposphäre (Hines und Mechoso, 1991) und die Tropopausenfaltung (Bush und Peltier, 1994, Wandishin et al., 2000) zu untersuchen. Seit kurzem werden damit auch Studien zur Vorhersagbarkeit betrieben (Tan et al., 2004). Bei vielen dieser Arbeiten wurde ein zonaler Kanal mit periodischen Randbedingungen verwendet, wie es auch in der hier vorliegenden Arbeit der Fall ist.
Die Ausprägung eines baroklinen Lebenslaufs kann sich maßgeblich verändern, wenn dem Jetprofil eine barotrope Hintergrundscherung überlagert wird (Simmons und Hoskins, 1980, Davies et al., 1991, Thorncroft et al., 1993). Dabei lassen sich zwei Hauptmuster unterscheiden, die sich insbesondere in der Struktur der dynamischen Tropopause während der baroklinen Entwicklung ausprägen. Beim zyklonalen Lebenslauf neigt sich der Höhentrog in Stromrichtung, verbreitert sich und rollt sich im Reifestadium zyklonal auf. Bei den langlebigen Bodendruckgebieten dominieren die Tiefdruckgebiete. Es bilden sich vertikal kohärente zyklonale Wirbel, die einer Zonalisierung der Strömung im Reifestadium der Entwicklung entgegen stehen. Im antizyklonalen Fall besitzt der Höhentrog eine positive Neigung, verschmälert sich im Laufe der Entwicklung und bricht im Reifestadium antizyklonal. Die Bodendruckgebiete weisen eine größere meridionale Verschiebung auf, wobei die Tiefdruckgebiete

kleinskaliger sind und die Hochdruckgebiete dominieren. Nach dem Abschwächen der Systeme bildet sich schnell wieder eine zonale Grundströmung aus.
Eine aktuelle Zusammenfassung der unterschiedlichen Ausprägung barokliner Lebensläufe findet sich bei Shapiro et al. (1999). Dort wird in die Klassifizierung der Lebensläufe auch eine dritte Ausprägung, die eine Mischform zwischen dem zyklonalen und antizyklonalen Fall darstellt, aufgenommen und die Vergleichbarkeit mit realen Fällen dokumentiert. Die barokline Entwicklung in den mittleren Breiten unter dem Einfluss eines sich umwandelnden Wirbelsturms ist das zentrale Thema dieser Studie. Im folgenden soll daher ein Überblick verschiedener Charakteristika der baroklinen Entwicklung bei dem hier verwendeten Strömungsprofil und Modellgebiet gegeben werden. Zudem werden die Auswirkungen der Modellparametrisierungen auf die Entwicklung dokumentiert. Vor diesem Hintergrund wird dann in den folgenden Kapiteln der Einfluss des Wirbelsturms interpretiert.
Zur Anregung der in diesem Kapitel beschriebenen baroklinen Lebensläufe werden als Anfangsstörung 5 schwache, zyklonale Wirbel verwendet, die in gleichmäßigen zonalen Abständen auf meridionaler Höhe der Jetachse verteilt sind. Dies entspricht einer Wellenlänge von ~3500 km[1]. Die Störung hat am Boden ihre größte Amplitude (6.25 $\mathrm{m\,s^{-1}}$) und nimmt mit der Höhe rasch ab. Weitere Details zur anfänglichen Störung finden sich im Anhang D.2.

5.1 Lebenslauf einer baroklinen Welle in adiabatischer Strömung

In diesem Abschnitt sind für die Simulation des Lebenslaufs einer baroklinen Welle die Grenzschicht–, Mikrophysik– und Konvektionsparame-

1 Auf 53°N entspricht dies einer zonaler Wellenzahl von 7. Verwendet man antizyklonale Wirbel als Anfangsstörung, so verändert sich die Entwicklung geringfügig. Die Tiefdruckgebiete sind etwas schwächer und die Hochdruckgebiete etwas stärker ausgeprägt. Diese Abhängigkeit von der anfänglichen Störung zeigt, dass die hier präsentierten Lebensläufe nicht direkt mit numerischen Experimenten anderer Autoren, bei denen Normalmodenwachstum betrachtet wurde, vergleichbar sind.

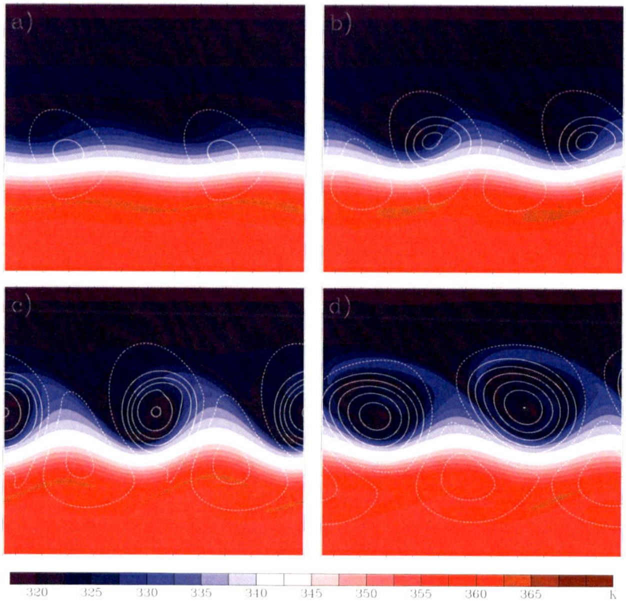

Abbildung 5.1: Ausschnitt aus dem Modellgebiet über 2 Wellenlängen der baroklinen Entwicklung von LCcyc$_{trocken}$ nach (a) 72 h, (b) 120 h, (c) 168 h und (d) 240 h. Die meridionale Ausdehnung entspricht 14 - 65° N. Farbig dargestellt ist θ auf der dynamischen Tropopause (2 PVU) und die weißen Konturlinien zeigen den Bodendruck (alle 5 hPa, für Werte $\geq$ 1000 hPa gestrichelt).

trisierung des Modells ausgeschaltet. Insbesondere finden keine Feuchtprozesse statt. Abb. 5.1 illustriert die zeitliche Entwicklung dieses Lebenslaufs. Da sie nahezu periodisch ist, wird nur ein Ausschnitt des gesamten Modellgebiets gezeigt.

Nach 72 h haben sich aus der anfänglichen Störung abgeschlossene Bodentiefdruckgebiete gebildet. Bei dem hier verwendeten Isobarenabstand sind noch keine Hochdruckgebiete erkennbar (Abb. 5.1(a)). Die sich entwickelnden Druckgebilde haben weitgehend eine Achsenneigung von Nordwest nach Südost. An der Tropopause hat sich zu dieser Zeit ein wellenförmiges Muster entwickelt. Nach weiteren 48 h haben sich sowohl die Bodendruckgebiete als auch das Wellenmuster der Tropopause verstärkt. Nun sind auch abgeschlossene Hochdruckgebiete sicht-

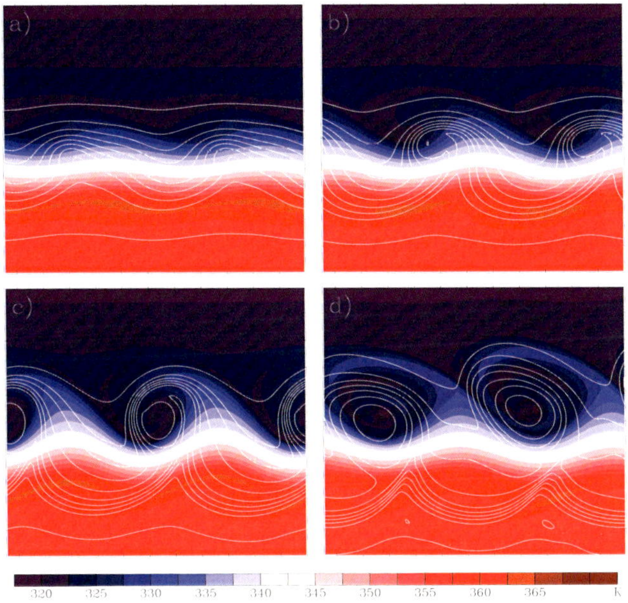

Abbildung 5.2: Wie Abb. 5.1, jedoch für θ auf 925 hPa (weiße Konturen, alle 2 K).

bar, wobei die Tiefdruckgebiete jedoch deutlich stärker ausgeprägt sind (Abb. 5.1(b)). Die negativen Anomalien von θ auf der Tropopause zeigen ebenfalls eine deutliche Nordwest–Südost–Orientierung. Nach 168 h hat sich die Entwicklung weiter verstärkt. Die negative Tropopauseanomalie hat sich zyklonal aufgerollt und befindet sich fast senkrecht über dem Bodentief. Die Tiefdruckgebiete liegen nördlich der Jetachse, wohingegen die Hochdruckgebiete eher südlich davon zu finden sind (Abb. 5.1(c)). Am Ende des Modelllaufs (240 h) hat sich das zyklonale Aufrollen an der Tropopause nördlich des Jets fortgesetzt und zusammen mit den Bodentiefdruckgebieten bildeten sich kohärente, fast barotrope Wirbel (Abb. 5.1(d)).

Die Entwicklung der bodennahen Frontenstruktur ist in Abb. 5.2 illustriert. Am Anfang der baroklinen Entwicklung (72 h) zeigt sich eine deutliche wellenförmige Deformation des Temperaturfelds. Die leichte

Drängung der Isentropen nördlich der Tiefdruckgebiete deutet auf die einsetzende Bildung einer Warmfront hin (Abb. 5.2(a)). Nach der Intensivierung der Tiefdruckgebiete (120 h) hat sich der Warmsektor deutlich verschmälert und die Warmfront hat sich insbesondere nördlich des Druckminimums verstärkt. Sie erstreckt sich auch stromaufwärts des Tiefs, d.h. nordwestlich und westlich des Druckminimums, was als *bent-back* Warmfront bezeichnet wird (Abb. 5.2(b)). Der stärkste Temperaturgradient der Kaltfront befindet sich südöstlich des Druckzentrums und erstreckt sich von dort nach Südwesten. Beide Fronten sind entgegen dem klassischen Zyklonenmodell nicht miteinander verbunden (*frontal fracture*). Stattdessen findet man im Zentrum des Tief einen Einschluss relativ warmer Luft (*warm seclusion*). Diese Ausprägung der Frontencharakteristik entspricht dem Modell von Shapiro und Keyser (1990). Im Reifestadium der Tiefdruckgebiete (168 h) hat sich die Warmfront weiter zyklonal um das Druckzentrum herum orientiert. Der Warmsektor ist weitgehend verschwunden und der Einschluss warmer Luft im Zentrum des Tiefs ist sehr ausgeprägt. Die Kaltfront hat sich deutlich vom Druckzentrum gelöst wobei es zu keiner Okklusion kommt (Abb. 5.2(c)). Während des langsamen Auffüllens der Systeme am Ende der Integration schwächt sich auch der Temperaturgradient an der Warmfront ab. Aus dem Zusammenschluss der Kaltfronten bildet sich südlich der Jetachse eine neue, weitgehend zonal orientierte zusammenhängende barokline Zone (Abb. 5.2(d)).
Vor dem Hintergrund der Klassifikation barokliner Lebensläufe lässt sich dieser Fall als zyklonal bezeichnen und wird im weiteren $\mathrm{LCcyc}_{trocken}$ genannt.

5.2 Änderung charakteristischer Merkmale bei antizykloner Hintergrundscherung

Analog zu Abb. 5.1 wird in Abb. 5.3 die Entwicklung eines baroklinen Lebenslaufes vor einer antizyklonalen barotropen Hintergrundscherung von $6 \times 10^{-6}\,\mathrm{s}^{-1}$ dokumentiert[1]. Nach 72 h weisen die schwachen

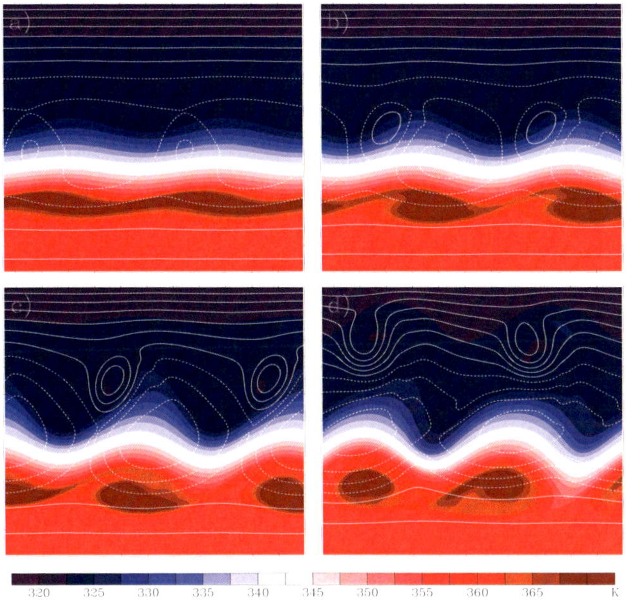

Abbildung 5.3: Wie Abb. 5.1, jedoch für den Lebenslauf mit antizyklonaler Hintergrundscherung und Werte $\geq$ 1020 hPa sind gestrichelt dargestellt.

anfänglichen Störungen im Bodendruck eine Orientierung von Südwesten nach Nordosten auf (Abb. 5.3(a)). Nach 5 Tagen zeigt sich eine Dominanz der Hochdruckgebiete über die kleinskaligeren Tiefs, sowie eine wellenförmige Störung der Höhenströmung (Abb. 5.3(b)). Die Dominanz der Hochdruckgebiete verstärkt sich in der weiteren Entwicklung und die Tiefdruckgebiete wandern deutlich nach Norden (168 h). Auch die Tropopausenstörung hat sich verstärkt, jedoch nicht so stark wie zum vergleichbaren Zeitpunkt bei LCcyc$_{trocken}$. Die Höhentröge zeigen eine leichte Neigung gegen die Grundströmung (Abb. 5.3(c)). Am Ende des Modelllaufs sind die Tiefdruckgebiete immer noch sehr kleinskalig, haben sich aber weiter intensiviert und nach Norden verschoben. Im Vergleich zu anderen Simulationen antizyklonaler Lebensläufe (z.B. Davies

1 vergleichbar mit der Stärke der Scherung bei Thorncroft et al. (1993)

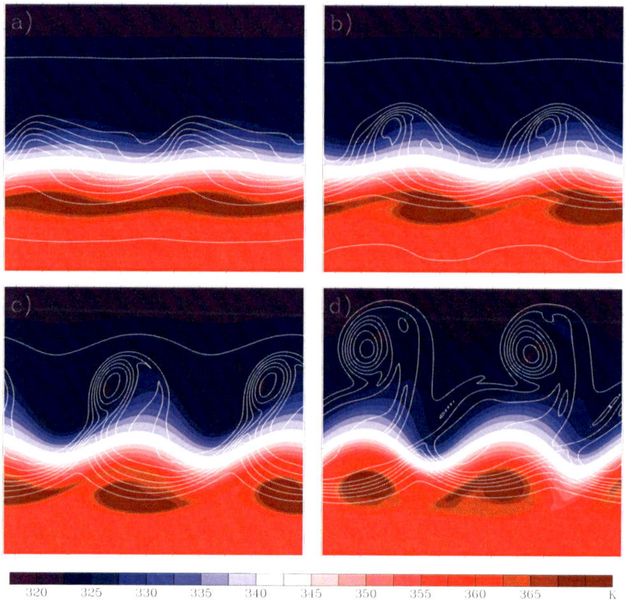

Abbildung 5.4: Wie Abb. 5.2, jedoch für den Lebenslauf mit antizyklonaler Hintergrundscherung.

et al. (1991), Thorncroft et al. (1993)) ist ein antizyklonales Brechen des Höhentrogs in diesem Experiment nur schwach ausgeprägt. Man kann jedoch ein antizyklonales Aufrollen hoher θ–Werte südlich der Jetachse erkennen und an der Trogspitze beginnt sich die negative θ–Anomalie als nach Südwesten geneigter Streamer zu entwickeln (Abb. 5.3(d)).
Die anfängliche Entwicklung des bodennahen Temperaturfelds wird wieder durch die Bildung einer wellenförmigen Störung charakterisiert. Die Drängung der Isentropen ist in diesem Fall westlich des Tiefdruckzentrums am stärksten (Abb. 5.4(a)). Nach 120 h hat sich nordwestlich des Tiefs eine kleinskalige Warmfront ausgeprägt. Im Anschluss an die Warmfront erstreckt sich in südwestliche und westliche Richtung eine ausgedehnte Kaltfront. Der Warmsektor ist nur sehr schwach ausgeprägt und im Zentrum des Tiefs findet sich wieder ein Einschluss relativ warmer Luft (Abb. 5.4(b)). Nach weiteren 48 h haben sich die Merkmale

im Temperaturfeld weiter verstärkt. Die Frontalzonen weisen in ihrer Ausrichtung eine starke meridionale Komponente auf (Abb. 5.4(c)). Am Ende des Laufs befindet sich im Zentrum der Tiefdruckgebiete im Vergleich zur Umgebung sehr warme Luft. Aus der Kaltfront hat sich südlich des Strahlstroms, ähnlich wie im vorherigen Lebenslauf, eine zonal ausgerichtete barokline Zone entwickelt (Abb. 5.4(d)).
Diese barokline Entwicklung zeigt nicht alle Ausprägungen eines antizyklonalen Lebenslaufes, wie sie aus der Literatur bekannt sind. Gründe hierfür ist vermutlich die kartesische Geometrie[1] in Zusammenhang mit den zyklonalen Anfangsstörungen. Trotzdem stellt man in diesem Experiment in der Neigung des Trogs gegen die Strömung sowie der deutlich meridionaleren Ausrichtung der bodennahen Frontenstruktur (siehe Abb. 5.1 und 5.3, 168 h) erhebliche Unterschiede zu $LCcyc_{trocken}$ fest.

5.3 Einfluss von Feuchtprozessen und Bodenreibung auf den baroklinen Lebenslauf

Die allgemeine Struktur barokliner Wellen lässt sich durch adiabatische Dynamik erklären. Für die Dynamik eines tropischen Wirbelsturms sind jedoch Bodenflüsse von latenter und fühlbarer Wärme, Feuchtprozesse sowie die Bodenreibung von elementarer Bedeutung. In den folgenden Abschnitten wird beschrieben, wie die Modellparametrisierungen, die diese Prozesse repräsentieren, die Entwicklung von $LCcyc_{trocken}$ verändern. Wir konzentrieren uns im Folgenden auf die ungescherte barokline Entwicklung, da diese den Hintergrund für die numerischen Experimente in Kapitel 7 liefert.
Der Einfluss von Feuchtprozessen auf die barokline Entwicklung wurde von verschiedenen Autoren untersucht. Theoretische Studien mit linearen Modellen zeigen, dass die lineare Wachstumsrate und die Struktur

1 Ohne Hintergrundscherung herrscht bei kartesischer Geometrie der zyklonale Fall vor, bei sphärischer Geometrie dagegen der antizyklonale Fall (Whitaker und Snyder, 1993, Balasubramanian und Garner, 1997b). Es ist jedoch bekannt (Balasubramanian und Garner, 1997b), dass bei beiden Geometrien eine geringe barotrope Scherung eine charakteristische Veränderung des baroklinen Lebenslauf bewirken kann.

der instabilsten feuchten Normalmode von der Art der Parametrisierung der Feuchtprozesse abhängt. Nimmt man an, dass die Atmosphäre bezüglich gesättigtem Aufsteigen nahezu neutral geschichtet ist (Emanuel et al., 1987, Joly und Thorpe, 1989), oder dass durch die Vertikalzirkulation, die mit der barokline Welle verbunden ist, Feuchtkonvektion ausgelöst wird (Wang und Barcilon, 1986, Snyder und Lindzen, 1991), so findet man eine deutliche Beschleunigung des linearen Wachstums sowie eine Verringerung der instabilsten Wellenlänge. Verwendet man jedoch eine Parametrisierung, in der die Stabilität bezüglich des Aufsteigens feuchter Luft mit der Höhe zunimmt (so wie es in konvektiv stabilen Situationen der Fall ist), so unterscheiden sich die Skalen der instabilsten feuchten und trockenen Mode kaum. Auch das lineare Wachstum ist im feuchten Fall nur geringfügig schneller (Whitaker und Davis, 1994) .
Gall (1976b) fand in den ersten Simulationen feuchter barokliner Lebensläufe die gleiche dominante Wellenzahl wie bei trockenen Läufen, jedoch mit einer veränderten Vertikalstruktur dieser Wellenlänge, sowie eine Verstärkung der Tiefdruckgebiete im feuchten Fall. Gutowski et al. (1992) berichten bei vorgegebener Wellenlänge über eine Beschleunigung des Lebenszyklus und bestätigen die Änderung in der Vertikalstruktur für kurze Wellenlängen (Wellenzahl 14). Whitaker und Davis (1994) zeigen in ihren numerischen Simulationen, dass im feuchten Fall das Wachstum in der nicht-linearen Phase durch die diabatische Bildung einer PV-Anomalie an der Warmfront deutlich beschleunigt wird, sich die Gesamtstruktur des Tiefdruckgebiets dabei allerdings nicht wesentlich ändert. Auch Balasubramanian und Garner (1997a) finden eine Verstärkung der Tiefdruckgebiete ohne Änderung der Gesamtstruktur. Interessanterweise beobachten sie bei kürzeren Wellenlängen, auch bei sphärischer Geometrie ohne Hintergrundscherung, ein zyklonales Einrollen des Höhentrogs sowohl im trockenen, als auch im feuchten Fall. Im feuchten Fall tritt dieses Einrollen jedoch verstärkt auf.
Trotz der einzelnen Unterschiede ist allen Untersuchungen gemein, dass im feuchten Fall im Laufe des Lebenszyklus das Wachstum beschleunigt wird und sich stärkere Tiefdruckgebiete ausbilden. Das Aufsteigen

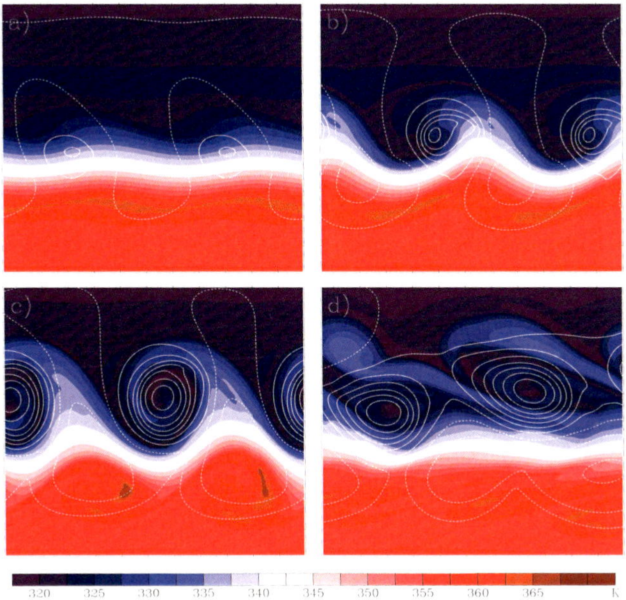

Abbildung 5.5: Wie Abb. 5.1, jedoch für $LCcyc_{feucht}$

der Luft wird verstärkt und tritt räumlich konzentrierter auf. Die Hochdruckgebiete bleiben tendenziell unbeeinflusst.
Abb. 5.5 zeigt die Entwicklung des baroklinen Lebenslaufes, wenn man für $LCcyc_{trocken}$ die Mikrophysik- und Konvektionsparametrisierungen mit berücksichtigt. Dieser Lebenslauf wird im folgenden $LCcyc_{feucht}$ genannt. Die anfängliche Entwicklung ist nun leicht beschleunigt (72 h, Abb. 5.5(a)) und nach 120 h sind sowohl die Bodendruckgebiete als auch die Tropopausenstörung stärker ausgeprägt als in $LCcyc_{trocken}$. Die Tiefdruckgebiete weisen eine etwas kleinere Skala auf (Abb. 5.5(b)). Nach 168 h hat sich die Tropopausenstörung schon sehr stark zyklonal aufgerollt und formt mit dem Bodentief einen vertikal kohärenten Wirbel, vergleichbar mit der Strömung am Ende der Integration von $LCcyc_{trocken}$. Die Tiefdruckgebiete sind jedoch etwas intensiver und auch die Entwicklung an der Tropopause wird durch Feuchtprozesse offensichtlich

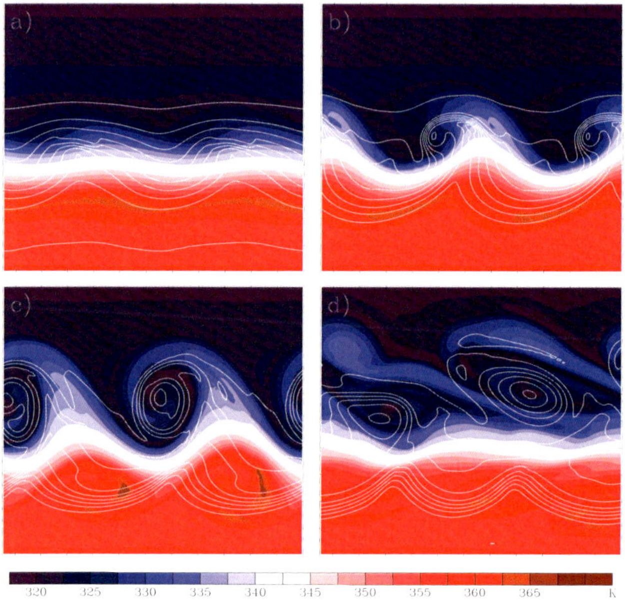

Abbildung 5.6: Wie Abb. 5.2, jedoch für LCcyc$_{feucht}$

verstärkt (Abb. 5.5(c)). Hohe θ-Werte im Rücken dringen deutlich weiter nach Norden vor als im trockenen Fall. Südlich des Strahlstroms erkennt man nun ein antizyklonales Brechen des Höhentrogs. Am Ende dieses Modelllaufs beginnen sich die kohärenten Wirbel langsam aufzulösen und die Strömung gewinnt wieder einen zonaleren Charakter (Abb. 5.5(d)). Feuchtprozesse führen in dem hier vorgestellten Fall zu einer Beschleunigung und Intensivierung des baroklinen Lebenslauf.

Die Struktur des bodennahen Temperaturfelds ist nach 72 h ähnlich wie in LCcyc$_{trocken}$. Die Warmfront weist jedoch eine Deformation und eine lokale Verstärkung auf (Abb. 5.6(a)). Nach 120 h hat sich eine sehr starke Warmfront gebildet, wohingegen sich die Kaltfront im Vergleich zu LCcyc$_{trocken}$ kaum verändert. Am Nordende des sehr schmalen Warmsektors befindet sich lokal ein besonders hoher Temperaturgradient (Abb. 5.6(b)). In der Reifephase der Entwicklung (168 h) löst sich

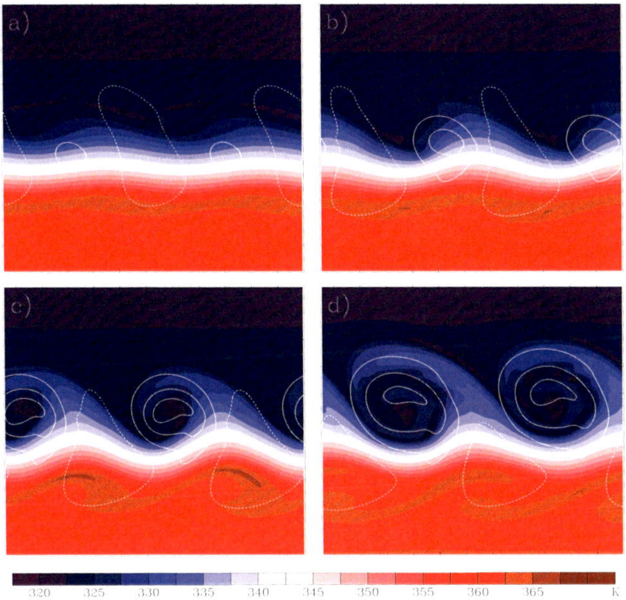

Abbildung 5.7: Wie Abb. 5.1, jedoch für $LCcyc_{feuchtReib}$

der Temperaturgradient in Zusammenhang mit der Warmfront erneut auf, warme Luft wird im Zentrum des Tiefdruckgebiets eingeschlossen und aus der Kaltfront hat sich südlich des Jets wiederum eine fast zonale barokline Zone gebildet (Abb. 5.6(c)). Während der zunehmenden Zonalisierung der Strömung gegen Ende der Integration findet auch eine Deformation der eingeschlossenen Warmluft statt. Die barokline Zone im Süden hingegen bleibt bestehen (Abb. 5.6(d)).

Bisherige Untersuchungen zum Einfluss der Bodenreibung auf die barokline Entwicklung haben gezeigt, dass die Wachstumsrate verringert wird (Adamson et al., 2006) und kleinere Wellenlängen stabilisiert werden (Valdes und Hoskins, 1988). Da die Bodenreibung die barokline Entwicklung insbesondere in Bodennähe dämpft, kann sie auch strukturelle Änderungen bewirken (Gall, 1976b, Branscome et al., 1989).

Verwendet man bei $LCcyc_{feucht}$ zusätzlich die Grenzschichtparame-

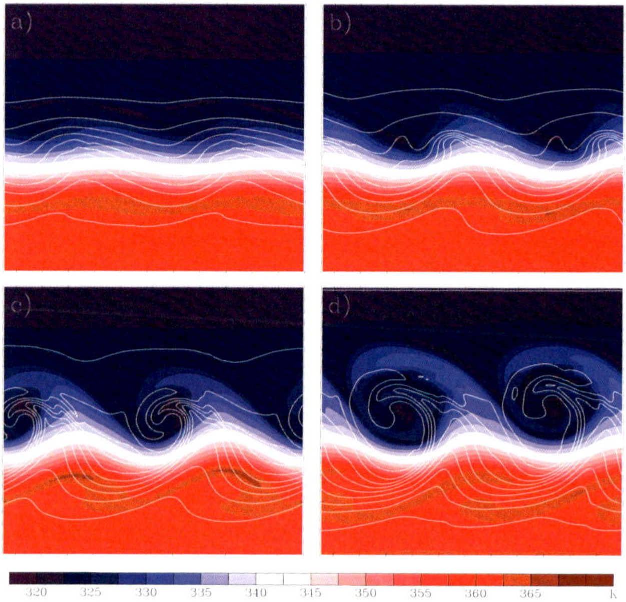

Abbildung 5.8: Wie Abb. 5.2, jedoch für LCcyc$_{feuchtReib}$

trisierung, so beobachtet man tatsächlich eine Verlangsamung des Lebenslaufes (LCcyc$_{feuchtReib}$, Abb. 5.7(a) und 5.7(b)). Zudem sind auch im Reifestadium (Abb. 5.7(d), 240 h) die Bodendruckgebiete deutlich schwächer. Abgesehen von der langsameren und schwächeren Entwicklung ist die Struktur der Bodensysteme und der Tropopause weitgehend ähnlich zu LCcyc$_{feucht}$.

Deutliche strukturelle Unterschiede im Laufe der Entwicklung treten in der bodennahen Frontenbildung auf (Abb. 5.8). Die anfängliche Entwicklung des bodennahen Temperaturfeldes spiegelt die langsamere barokline Entwicklung wieder (Abb. 5.8(a) und 5.8(b)). In der weiteren Entwicklung kommt es weder zu einer bent–back Warmfront noch zum Einschluss warmer Luft im Zentrum des Tiefs. Es findet vielmehr eine klassische Okklusion mit ausgeprägter, meridional orientierter Kaltfront und relativ breitem Warmsektor statt (Abb. 5.8(c)). Die Okklusion bleib bis zum Ende des Experiments bestehen. Die Kaltfront besitzt dann immer noch eine deutlich meridionale Orientierung und ist stärker ausgeprägt als die Warmfront (Abb. 5.8(d)). Insbesondere bildet sich keine neue einheitliche barokline Zone südlich des Strahlstroms.

5.4 Auswirkung des SST–Gradienten auf den baroklinen Lebenslauf

Der Einfluss von Bodenwärmeflüssen auf die Entwicklung außertropischer Tiefdruckgebiete wurde bisher an Hand zahlreicher Modell– und Fallstudien untersucht. Im Kaltsektor treten typischerweise hohe positive und im Warmsektor schwächere oder abwärts gerichtete Flüsse von fühlbarer und latenter Wärme auf (z.B. Fleagle und Nuss, 1985). Sie sorgen häufig für eine Abschwächung der Temperaturanomalien und können die Intensität außertropischer Systeme schwächen (z.B. Nuss, 1989). Andererseits wurde gezeigt, dass durch die Sättigung der Grenzschicht in der frühen Phase der Entwicklung eine explosive Verstärkung der Tiefdruckgebiete im späteren Verlauf begünstigt werden kann (z.B. Fantini, 1990, Kuo et al., 1991). Untersuchungen zur Auswirkung eines meridionalen SST–Gradienten auf barokline Wellen sind dem Autor nicht bekannt. Im folgenden werde die Veränderungen betrachtet, die bei $LCcyc_{feuchtReib}$ auftreten, wenn die latenten und fühlbaren Wärmeflüsse von der Ozeanoberfläche im Modell berücksichtigt werden ($LCcyc_{Flux}$, Abb. 5.9).
Die anfängliche Entwicklung der Tiefdruckgebiete ist deutlich schneller, wohingegen keine abgeschlossenen Hochdruckgebiete gebildet werden (Abb. 5.9(a) und 5.9(b)). Im Reifestadium (168 h, Abb. 5.9(c)) wird das Bodendruckfeld sehr deutlich von starken Tiefdruckgebieten dominiert. In der Höhe sind die Rücken stark ausgeprägt. Die kleinskaligen lokalen Maxima an der Tropopause lassen auf einen starken diabatischen Einfluss auf die Verteilung von θ schließen. Die diabatische Änderung ist stärker ausgeprägt als in $LCcyc_{feucht}$, insbesondere im Bereich der Trogspitze und im Norden des Druckzentrums. Am Ende der Integra-

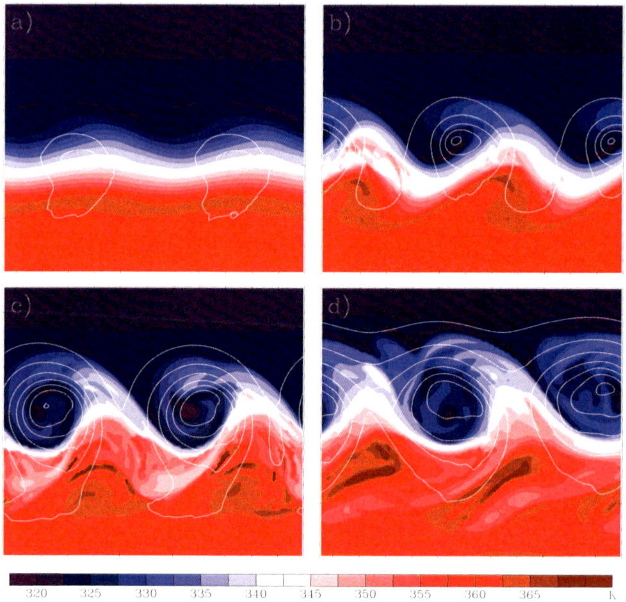

Abbildung 5.9: Wie Abb. 5.1, jedoch für LCcyc$_{Flux}$.

tion findet man auch in diesem Lauf die typischen kohärenten Wirbel (Abb. 5.9(d)).

Die Temperaturwelle ist während der anfänglichen Entwicklung (Abb. 5.10(a)) etwas flacher. Nach 120 h hat sich eine starke Warmfront gebildet und die Kaltfront ist nur schwach ausgeprägt (Abb. 5.10(b)). Nach 168 h hat sich auch die Warmfront etwas abgeschwächt. Der Warmsektor wird ähnlich wie in LCcyc$_{feuchtReib}$ immer schmäler und eine Kaltfront ist nur schwer zu erkennen. Ansatzweise kommt es zu einem Einschluss wärmerer Luft im Zentrum des Tiefs (Abb. 5.10(c)). Am Ende der Simulation hat sich der Warmsektor weiter verkleinert und die Kaltfront fast vollständig aufgelöst. Die schwache Warmfront erstreckt sich vom Tiefzentrum nach Südosten. Ein Warmlufteinschluss ist nicht mehr zu erkennen (Abb. 5.10(d)).

Sowohl die Grenzschichtparametrisierung als auch die Oberflächenflüsse

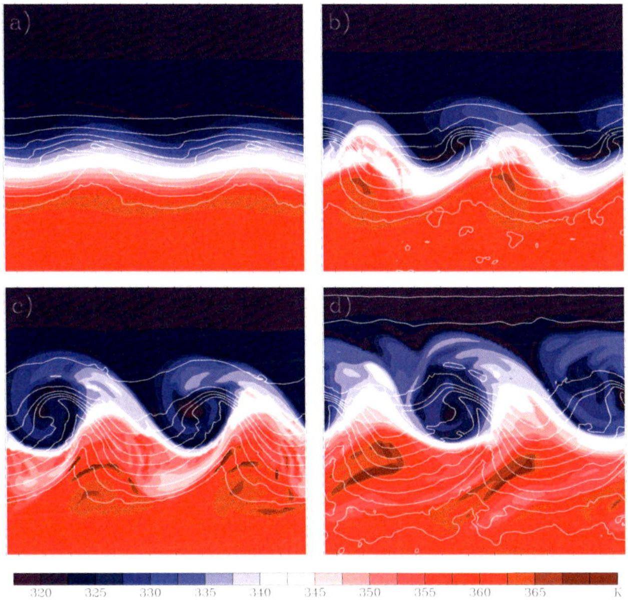

Abbildung 5.10: Wie Abb. 5.2, jedoch für LCcyc$_{Flux}$

verändern die Strukturen der Fronten bedeutend. Durch die Oberflächenflüsse wird insbesondere die bodennahe Kaltfront sehr stark abgeschwächt. Die nach Süden vorstoßende Kaltluft wird im Modell über der warmen Ozeanoberfläche erwärmt und die Bildung eines ausgeprägten Temperaturgradienten dadurch gehemmt. Die Erwärmung der bodennahen Luft destabilisiert die Grenzschicht und begünstigt die Erwärmung einer vertikal mächtigeren Schicht. Die Luft im Warmsektor wird über der kühleren Meeresoberfläche gekühlt und die Grenzschicht dadurch stabilisiert, so dass sich die Abkühlung vertikal auf eine sehr dünne Schicht beschränkt.

Aus der PV-Sichtweise ist die schwache Ausprägung der Hochdrucksysteme konsistent mit der Erwärmung der Luft im Kaltsektor. Mit der bodennahen negativen Temperaturanomalie, die mit der nach Süden vordringenden Kaltluft verbunden ist, wird eine antizyklonale Zirkulation

und ein Ansteigen des Geopotentials induziert. Wird diese Kaltluftanomalie durch die Wärmeflüsse aus der Ozeanoberfläche jedoch deutlich abgeschwächt, so wird auch die Bildung eines ausgeprägten Hochdruckgebietes unterbunden.
Durch die Flüsse latenter Wärme ist der Feuchtegehalt der Grenzschicht über den gesamten Zeitraum der Simulation sehr hoch, so dass die diabatischen Prozesse verstärkt werden und mehr latente Wärme freigesetzt wird.

5.5 Entwicklung lokaler anfänglicher Störungen

In der bisherige Übersicht wurde das Wachstum und Abklingen sich periodisch wiederholender barokliner Systeme betrachtet. Diese gleichzeitige Entwicklung findet in der Atmosphäre jedoch höchst selten statt. Aus Beobachtungen wusste man schon recht früh, dass die Entwicklung eines Bodentiefs oft durch das Herannahen eines Höhentrogs ausgelöst wird. Petterssen und Smebye (1971) bezeichneten diese Entwicklung im Gegensatz zum Wachstum der Normalmoden als Typ–B–Entwicklung. Aus dieser Beobachtung heraus stellte sich die Frage, inwieweit der Verlauf und die Struktur der Entwicklung von der Struktur der anfänglichen Störung abhängt. Das Problem der baroklinen Instabilität wurde dadurch als Anfangswertproblem betrachtet. Schon früh zeigt Pedlovski (1964), dass für einen längeren Zeitraum modales Wachstum bestimmend ist. Farrell (1982, 1984) hingegen fand, dass über einen kürzeren Zeitraum, der mit der Wachstumsdauer beobachteter Tiefdruckgebiete vergleichbar ist, nicht–modales Wachstum dominierend sein kann. Unter nicht–modalem Wachstum versteht man hier ein Wachstum, dass durch die Überlagerung von neutralen und sich abschwächenden Moden herrührt und nicht durch das Anwachsen einer einzelnen instabilen Mode. Das nicht-modales Wachstum in der realen Atmosphäre einen bedeutenden Einfluss auf die Tiefdruckentwicklung haben kann, zeigt z.B. eine Fallstudie von Hakim et al. (1995), die beschreibt, wie die Überlagerung zweier Höhentröge zur explosiven Bildung eines Bodentiefs führen

kann. Kucharski und Thorpe (2001) demonstrieren in einem Kanalexperiment, dass barotropes Wachstum eines Höhentrogs die anfängliche Entwicklung dominieren kann und dadurch im späteren Verlauf das barokline Wachstum deutlich beschleunigt wird.
Untersuchungen zur nicht-linearen baroklinen Entwicklung durch eine lokale Anfangsstörung wurden analog zu den Kanalsimulationen zur Untersuchung des modalen Wachstums als erstes von Simmons und Hoskins (1979) durchgeführt. Eine eingehende Untersuchung von Wernli et al. (1998) hat gezeigt, dass ein Tiefdruckgebiet, das durch eine lokale Störung ausgelöst wird, vor einer entsprechenden barotropen Hintergrundscherung die gleichen charakteristischen Lebensläufe ausbildet wie man es in den oben beschriebenen Experimenten mit Normalmodenanregung beobachtet.
Eines der wichtigsten Ergebnisse der numerischen Experimente mit lokaler Anfangsstörung ist jedoch, das sich sowohl stromabwärts als auch stromaufwärts weitere Tiefdruckgebiete bilden und sich damit die barokline Entwicklung in beide Richtungen ausbreitet (Simmons und Hoskins, 1979, Orlanski und Chang, 1993, Wernli et al., 1999). Die Entwicklung stromabwärts findet dabei zuerst in Tropopausennähe statt und breitet sich von dort zum Boden aus, wohingegen stromaufwärts die Entwicklung zuerst bodennah als Frontalwelle einsetzt und sich dann nach oben ausbreitet und auch eine Störung an der Tropopause verursacht. Die Systeme stromabwärts sind dabei im Vergleich zur instabilsten Normalmode größer und stärker, die Systeme stromaufwärts dagegen etwas kleiner und schwächer. Wird der Effekt der Bodenreibung berücksichtigt, so wird die Entwicklung stromaufwärts bedeutend gedämpft aber stromabwärts kaum beeinflusst. Wernli et al. (1999) haben gezeigt, dass die Entwicklung stromaufwärts von der anfänglichen Störung abhängen kann, wohingegen die Bildung des Primärtiefs und die Entwicklung stromabwärts davon weitgehend unbeeinflusst ist.
Der Einfluss einer Hintergrundscherung auf die Entwicklung stromauf- und stromabwärts wird in Shapiro et al. (1999) untersucht. Durch eine lokale Störung in Tropopausennähe wird in deren Studie die Entwicklung

einer Familie von Tiefdruckgebieten in Strahlstromkonfigurationen, die einer ungescherten bzw. zyklonal gescherten Hintergrundströmung entsprechen, angeregt. Im gescherten Fall durchlaufen, konsistent mit dem Ergebnis von Wernli et al. (1998), sowohl das primäre Tiefdruckgebiet als auch das System stromaufwärts einen zyklonalen Lebenszyklus. Der Einfluss der Scherung auf die Entwicklung stromabwärts ist nicht so deutlich, da durch die Entwicklung des Primärtiefs die Strömung stromabwärts verändert und die Scherung abgeschwächt wird.

5.6 Ausbreitung der baroklinen Entwicklung stromabwärts

In ihren grundlegenden Experimenten stellen Simmons und Hoskins (1979) fest, dass die Entwicklung stromabwärts einer lokalen Störung schneller vonstatten geht und sich intensivere Tiefdruckgebiete bilden als bei einer Normalmoden–Entwicklung. Sie folgern daraus, dass sich Energie stromabwärts ausbreiten muss, um zu dieser Entwicklung beizutragen. Hoskins (1990) schlägt vor, dass sich ein Höhentrog an der Vorderflanke (*leading edge*) eines Rossbywellenzugs bildet, der im weiteren Verlauf die Zyklogenese am Boden auslöst. Orlanski und Chang (1993) studieren in ähnlichen numerischen Experimenten wie Simmons und Hoskins (1979) die lokale Energetik der sich entwickelnden Systeme. Sie finden dabei, dass in der Höhe die ageostrophischen Geopotentialflüsse stromabwärts gerichtet sind und bedeutend zum Wachstum der Störung stromabwärts beitragen. An Hand dieser idealisierten Experimente sowie weiteren Fallstudien (Orlanski und Katzfey, 1991, Orlanski und Sheldon, 1993) wurde der Begriff der baroklinen Entwicklung stromabwärts (*baroclinic downstream development*, Orlanski und Sheldon, 1995) geprägt. In diesem konzeptionellen Bild wird Energie aus einem Maximum kinetischer Energie, das mit einem bestehenden, ausgeprägten Höhentrog verbunden ist, durch ageostrophische Geopotentialflüsse stromabwärts exportiert, was zur Bildung eines neuen Trogs führt. Zusätzlich zu diesem Prozess, der einer Wellenausbreitung entspricht, gewinnt der Trog Energie durch barokline Umwandlung[1]. Im Reifestadium des neuen Trogs beginnt dieser ebenfalls Energie stromabwärts abzugeben und der Nachschub durch das System stromaufwärts lässt nach. Die barokline Energieumwandlung kann noch einige Zeit andauern und bietet damit eine indirekte Quelle für ein weiteres, sich neu entwickelndes System stromabwärts, wodurch der Zyklus geschlossen wird. Die barokline Energieumwandlung spielt in diesem Konzept eine bedeutende Rolle für die Wellenausbreitung.

Nielsen-Gammon und Lefevre (1996) haben an Hand einer Fallstudie eine Diagnose zur Bildung eines Höhentrogs entwickelt, die auf stückweiser PV-Inversion basiert. Die Verstärkung des Höhentrogs, die durch die von PV–Anomalien in der Höhe induzierte Advektion verursacht wird, entspricht dabei der Ausbreitung von Wellenenergie (Abb. 5.11). Der Beitrag von PV–Anomalien in der unteren Troposphäre sowie von Temperaturanomalien am unteren Rand entspricht einer baroklinen Verstärkung des Trogs. Die Ansätze von Orlanski und Sheldon (1995) und Nielsen-Gammon und Lefevre (1996) führen zu konsistenten Ergebnissen. Der Vorteil der PV-Diagnose ist dabei, dass sie eine bessere Unterscheidung der beteiligten physikalischen Prozesse gewährleisten kann. Zudem erfordert die Betrachtung der lokalen Energetik des Systems die Definition eines Volumens, für das eine Energiebilanz aufgestellt wird. Die Definition dieses Bereichs ist jedoch nie eindeutig und kann sich in Einzelfällen als sehr schwierig herausstellen. Innerhalb dieser Arbeit (Abschnitt 6.3) wird daher ein Diagnose–Verfahren angewendet, das an Nielsen-Gammon und Lefevre (1996) angelehnt ist.

1 Mit barokliner Umwandlung ist hier die Umwandlung potentieller Wirbelenergie in kinetische Wirbelenergie gemeint.

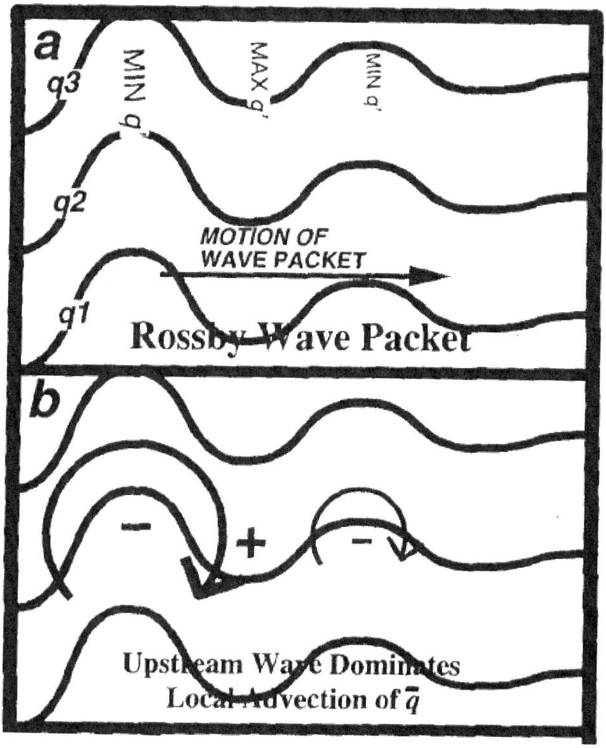

Abbildung 5.11: Schematische Darstellung zur Ausbreitung eines linearen, barotropen Rossbywellenzugs und der damit verbundenen Verstärkung des Höhentrogs an der Vorderflanke mittels PV–Denken (Fig. 2 aus Nielsen-Gammon und Lefevre, 1996). Ist der PV–Gradient nach Norden gerichtet ($q3 > q1$ in (a)), so entspricht vor einem zonalen Hintergrund eine Auslenkung der PV–Kontur nach Norden einer negativen PV–Anomalie (Rücken) und eine Auslenkung nach Süden einer positiven Anomalie (Trog). An der Vorderflanke des Wellenzugs sind die Anomalien asymmetrisch verteilt. Die positive Anomalie, die mit dem sich entwickelndem Trog verbunden ist, wird von einer starken negativen Anomalie im Westen und einer schwachen negativen Anomalie im Osten flankiert (siehe (b)). Im Bereich des Trogs ist die nördliche Strömung, die von der negativen Anomalie stromaufwärts induziert wird, stärker als die südliche Strömung, die mit der Anomalie stromabwärts verbunden ist. Die resultierende Strömung führt zu positiver PV–Advektion in Phase mit der positiven Anomalie und damit zu einer Verstärkung des Trogs. Analog verstärkt sich auch der Rücken an der Vorderflanke des Wellenzugs. Der Rossbywellenzug breitet sich demnach nach Osten aus.

6

Numerische Experimente mit zonalem Strahlstrom

In diesem Kapitel werden die Ergebnisse der numerischen Experimente mit dem geraden Strahlstrom vorgestellt. Im Referenzexperiment (RE) wird für den Strahlstrom das Profil aus Abschnitt 4.4.1 verwendet. Zudem werden Sensitivitätsexperimente bezüglich der Jet–Stärke, dem Feuchtegehalt der mittleren Breiten sowie der Struktur des Wirbelsturms durchgeführt.
Die Entwicklung in der oberen Troposphäre wird an Hand von Tropopausenkarten (Abschnitt 3.3) diskutiert und die Charakteristik der Rossby–Wellenzüge in Hovmöller–Diagrammen betrachtet. Die bodennahe Entwicklung wird durch die Darstellung des Bodendrucks illustriert. Einen kurzen Überblick über die in diesem Kapitel beschriebenen Experimente liefert im Anhang Tab. A.1.

6.1 Referenzexperiment

Die zeitliche Entwicklung des Referenzlaufs (RE) ist in Abb. 6.1 für ausgewählte Zeitpunkte dargestellt. Während sich der tropische Wirbelsturm dem Strahlstrom nähert, findet man ein erstes deutliches Zeichen für die Wechselwirkung der beiden Systeme in der oberen Troposphäre, wo die ausströmende Luft des Wirbelsturms auf den Strahlstrom trifft. Nach 120 h (Abb. 6.1(a)) besitzt der Wirbelsturm noch rein tropische Merkmale. Der Kerndruck des Systems beträgt 895 hPa und anhand der sehr hohen θ–Werte auf der Tropopause in der Umgebung des Sturms erkennt man eine ausgeprägte Outflow–Schicht. In den mittleren Brei-

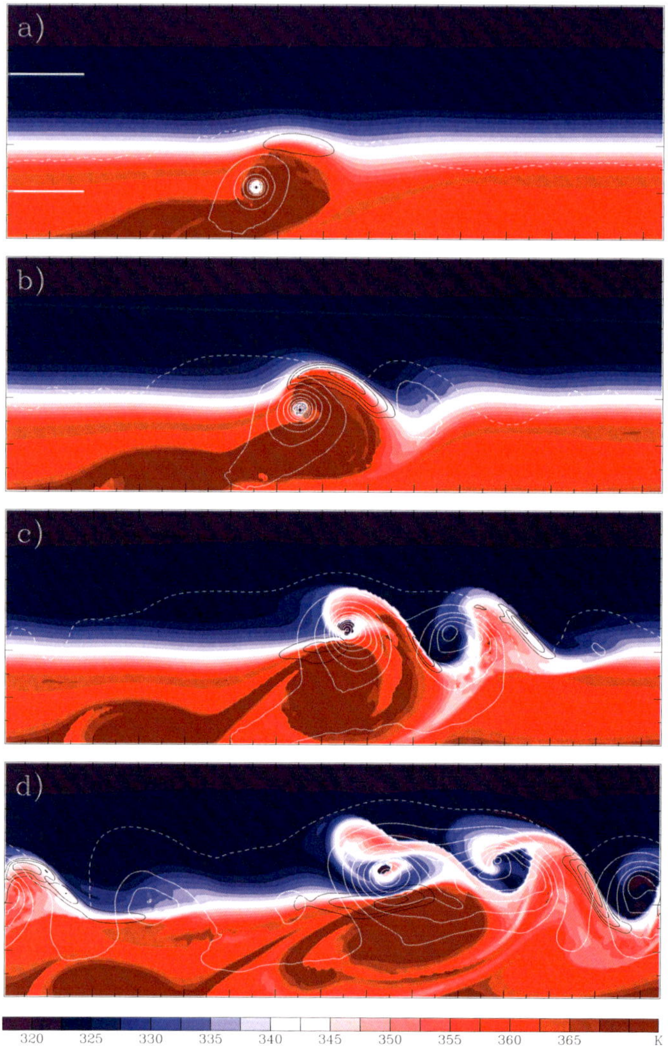

Abbildung 6.1: Ausschnitt des Modellgebiets, das einer geografischen Breite von 14° bis 65° N entspricht. Potentielle Temperatur (θ, farbig) und Windgeschwindigkeit über 45 m s^{-1} (schwarze Konturlinien, alle 5 m s^{-1}) auf der dynamischen Tropopause (PVU=2), sowie Bodendruck (weiße Konturlinien, 995 hPa gestrichelt, für kleinere Werte durchgezogen, alle 5 hPa) für 120 h (a), 156 h (b), 192 h (c) und 240 h (d) des Experiments RE. Abstandsmarkierungen alle 600 km. Die beiden weißen Linien in (a) geben den meridionalen Bereich an, der für die Hovmöller–Diagramme (siehe unten) verwendet wird.

ten hat sich in der Höhenströmung ein lokales Maximum der Windgeschwindigkeit (*Jet Streak*) und ein Rücken–Trog–Muster stromabwärts des ET–Systems gebildet. Nach weiteren 36 h (Abb.6.1(b)) befindet sich der tropische Wirbelsturm in der Transformationsphase, wie man aus der Zunahme der Translationsgeschwindigkeit und der Verbreiterung des Windfeldes rechts der Zugbahn (nicht gezeigt) erkennen kann. Das System ist mit einem Kerndruck von 915 hPa immer noch sehr stark. Sowohl der Jet Streak als auch das Rücken–Trog–Paar haben sich verstärkt. Unterhalb des linken Ausgangsbereichs des Jet Streaks beginnt sich ein weiteres Bodentief (im folgenden als *Primärtief* bezeichnet) zu entwickeln, das sich bei einem Druckfall von 21 hPa in den nächsten 36 h schnell verstärkt (Abb. 6.1(c)). Stromabwärts dieses Systems bildet sich ein weiteres Rücken–Trog–Paar, das die Entwicklung eines weiteren Bodentiefs auslöst. Niedrige θ–Werte an der Tropopause wickeln sich in der Höhe zyklonal um das ET–System, das mit einem Kerndruck von 940 hPa weiterhin sehr intensiv ist. Am Ende des Experiments (nach 240 h, Abb. 6.1(d)) füllt sich das ET–System bei einem Druckminimum von 955 hPa langsam auf. Das Wellenmuster in der oberen Troposphäre erstreckt sich beinahe über das gesamte Modellgebiet und hat die Entwicklung von drei Bodentiefs ausgelöst.

Neben der Entwicklung stromabwärts des ET–Systems findet man am Ende des Modellaufs ein kleinskaligeres, schwächeres Bodentief stromaufwärts. Es befindet sich in dem Bereich, in dem 84 h zuvor der tropische Wirbelsturm die Transformationsphase begonnen hat. Dieses Tiefdruckgebiet zeigt eine ausgeprägte bodennahe Frontenstruktur (Abb. 6.3(b)), jedoch kaum eine Störung an der Tropopause (Abb. 6.1(d)). Dies ist die typische Struktur der Entwicklung stromaufwärts eines bestehenden Tiefdruckgebiets (*upstream development,* Simmons und Hoskins, 1979, Wernli et al., 1999), die hier durch das ET–Systeme angeregt wurde.

Der Lebenslauf des Primärtiefs ist durch eine Mischform der charakteristischen Merkmale des zyklonalen und antizyklonalen Lebenslaufs (Kapitel 5) bestimmt. In Abb. 6.1(c) erkennt man, wie sich der südliche

Abbildung 6.2: Illustration der unterschiedlichen PV–Struktur des ET–Systems und des Primärtiefs: 3–dimensionaler Blick von Südwesten in einen Ausschnitt aus dem Modellgebiet nach 180 h. Die graue Schattierung kennzeichnet die 2–PVU–Oberfläche, die Konturlinien (alle 5 hPa) den Bodendruck. Das linke Tiefdruckgebiet ist das ET–System, das rechte das Primärtief.

Teil des Trogs (355 K–365 K) antizyklonal um die ehemalige Outflow–Anomalie herum erstreckt und als bandartige Struktur (*Streamer*) niedriger θ–Werte weit in den Süden reicht. Im Vergleich zum klassischen zyklonalen Lebenslauf ist der nördliche Teil des Trogs nur schwach von Nordwesten nach Südosten geneigt und relativ schmal. Das zyklonale Aufwickeln des Trogs ist jedoch sehr deutlich und das Primärtief bleibt bis ans Ende des Experiments als intensives Tiefdruckgebiet bestehen. Die Tiefdruckgebiete in diesem numerischen Experiment sind viel stärker ausgeprägt als die Hochdruckgebiete. Das ist zum einen charakteristisch für zyklonale Lebensläufe, zum anderen wird dies bei der hier verwendeten Modellkonfiguration durch die starken Oberflächenflüsse südlich der Jetachse begünstigt (Abschnitt 5.4).

Die PV–Struktur des ET–Systems und des Primärtiefs unterscheiden sich im Experiment RE deutlich voneinander. Der tropische Wirbelsturm und das sich entwickelnde ET–System sind durch eine starke PV–Anomalie, die sich vertikal über die gesamte Troposphäre erstreckt, gekennzeichnet. Das dominierende Merkmal des sich verstärkenden Primärtiefs hingegen ist eine PV–Anomalie in der Höhe (Abb. 6.2). Die Entwicklung dieses Systems beginnt in der Höhe und setzt sich zum Boden hin fort. Dies ist für die Entwicklung stromabwärts eines beste-

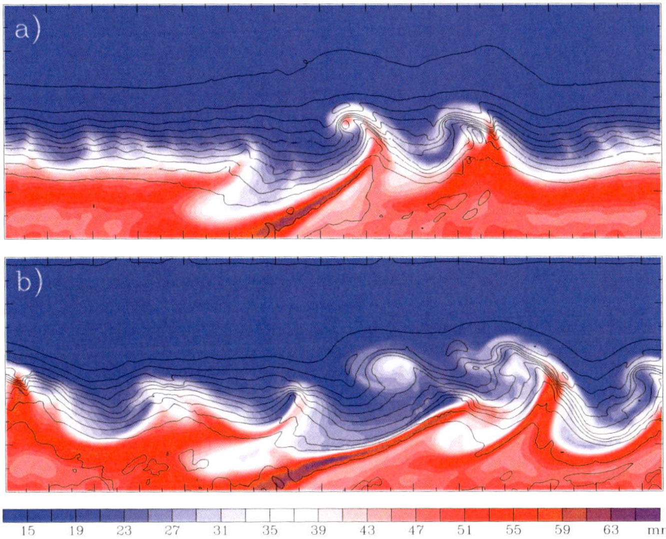

Abbildung 6.3: Potentielle Temperatur auf 850 hPa und vertikal integrierter Wasserdampfgehalt (*niederschlagsfähiges Wasser*) in dem Modellausschnitt von Abb. 6.1 für (a) 192 h und (b) 240 h. Siehe Abb. 6.1(c) und 6.1(d) zur Darstellung des Bodendruckfelds der Systeme.

henden Systems charakteristisch (Simmons und Hoskins, 1979). Zudem wird die Höhenströmung in dem hier vorliegenden Fall sehr stark von der Wechselwirkung mit dem ET–System beeinflusst. An der Warmfront des Primärtiefs hat sich zum betrachteten Zeitpunkt durch diabatische Prozesse ebenfalls eine schwache bodennahe PV–Anomalie entwickelt.

Die bodennahe Temperaturverteilung im Bereich des ET–Systems ist in der außertropischen Phase (192 h) durch eine starke, zurückgeneigte Warmfront und den Einschluss sehr feuchter Warmluft im Zentrum des Systems gekennzeichnet (Abb. 6.3(a)). Die Kaltfront hingegen ist nur schwach ausgebildet. Die Entwicklung einer starken Warmfront und einer schwachen Kaltfront ist ein charakteristisches Merkmal eines ET–Systems (Harr und Elsberry, 2000). Entlang der Kaltfront erstreckt sich ein schmaler Bereich feuchter, wärmerer Luft aus dem Süden des Integrationsgebiets in die mittleren Breiten. Dies könnte der Ausdruck fließ-

Experiment	Wellenlänge [km]	c_g [km Tag^{-1}]	c_g [m s^{-1}]	U_{max} [m s^{-1}]
RE	5100	2050	23.7	40
SJET	5400	2400	27.7	53
WJET	4800	1400	16.2	27
S & H	4850	3020	35	47.4

Tabelle 6.1: Vergleich der Wellenlänge und Gruppengeschwindigkeit (c_g) des Rossby–Wellenzugs sowie der maximalen Windgeschwindigkeit des Strahlstroms (U_{max}) in den entsprechenden Experimenten.

bandartiger Zufuhr von Warmluft (*warm conveyor belt*, z.B. Browning, 1990) in das außertropische Tief sein und als verstärkter Feuchtetransport aus den Tropen in den Bereich der Warmfront des ET–Systems interpretiert werden.

Die Struktur der Fronten in Zusammenhang mit dem Primärtief ist zu diesem Zeitpunkt nicht klar definiert (Abb. 6.3(a)). Es hat sich eine leicht zurückgeneigte Warmfront gebildet und feuchte Luft wickelt sich zyklonal um das Zentrum des Systems. Die Ausprägung einer Kaltfront lässt sich nicht feststellen.

Am Ende der Integration hat sich die Kaltfront in Zusammenhang mit dem ET–System noch etwas verstärkt. Der Vorstoß feuchter tropischer Luft entlang dieser Front ist weiterhin ein markantes Merkmal und im Bereich des Zentrums des ET–Systems befindet sich immer noch recht warme, feuchte Luft (Abb. 6.3(b)). Das Temperaturfeld im Bereich des Primärtiefs ist durch eine langezogene Warmfront gekennzeichnet. Auch im Zentrum dieses Tiefs findet man zum Teil hohe Feuchtewerte.

Die Bildung des Rücken–Trog–Paares und die anschließende Entwicklung des Wellenmusters an der dynamischen Tropopause kann als Anregung und Ausbreitung eines Rossby–Wellenzugs interpretiert werden. Die Merkmale des Wellenzugs und seine zeitliche Entwicklung können in kompakter Form im Hovmöller–Diagramm der meridionalen Komponente der Höhenströmung dargestellt werden (Abb. 6.4). Bei dem hier gewählten Konturenintervall lässt sich die Auslösung des Wellenzugs bei Tag 4 erkennen. Der Nord– und Südwind zu diesem Zeitpunkt hängt mit der Ablenkung des Strahlstroms um den sich ausbildenden Rücken zu Beginn der Wechselwirkung zusammen. Das Signal des aus-

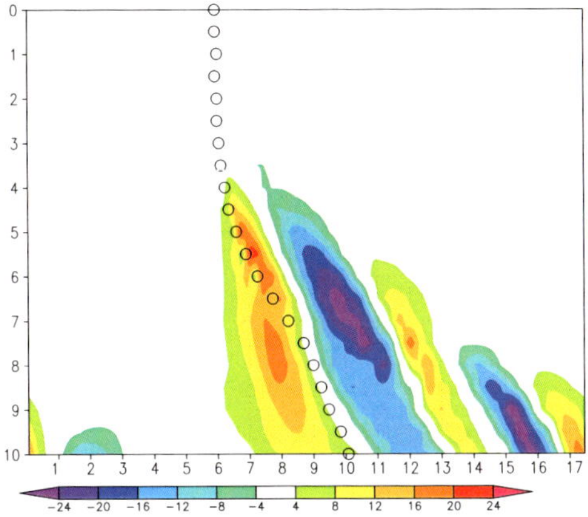

Abbildung 6.4: Hovmöller–Diagramm der meridionalen Windgeschwindigkeit (in $\mathrm{m\,s^{-1}}$, meridional über den in Abb. 6.1(a) angegebenen Bereich gemittelt) auf 200 hPa für Experiment RE. Warme Farben: Südwind, kühle Farben: Nordwind. Der offene Kreis markiert die meridionale Position des ET–Systems zu der entsprechenden Zeit. Die Zeitachse verläuft von oben nach unten (in Tagen), die Skala der horizontalen Achsenmarkierung ist $\times 10^3$ km.

geprägten Jet Streaks (vgl. Abb. 6.1(b)) sieht man am Maximum des Nordwinds zwischen Tag 6 und 8. Die Ostwärtsbewegung des ET Systems kann man näherungsweise an der zeitlichen Verschiebung dieser beiden Signale erkennen. Während sich das ET–System mit einer geschätzten Geschwindigkeit von ~800 km pro Tag ostwärts bewegt, breitet sich der Rossby–Wellenzug deutlich schneller aus. Betrachtet man im Hovmöller–Diagramm das erste Auftreten eines Nordwinds von $4\,\mathrm{m\,s^{-1}}$ als Näherung für die Vorderflanke des Wellenzugs, so erhält man eine ungefähre Gruppengeschwindigkeit von 2050 km pro Tag ($23.7\,\mathrm{m\,s^{-1}}$, siehe auch Tab. 6.1). Die Wellenlänge lässt sich auf 5100 km abschätzen.

Simmons und Hoskins (1979) finden in ihren numerischen Experimenten eine Gruppengeschwindigkeit, die 75–100 % der maximalen Windgeschwindigkeit ihres Strahlstroms entspricht. Auch die aktuellere Arbeit von Shapiro et al. (1999), in der ein Überblick über ein breites Spektrum ähnlicher Experimente gegeben wird, bestätigt dieses Ergebnis. In dem hier präsentierten ET–Experiment beträgt die Gruppengeschwindigkeit

~60 % des Jetmaximums. Betrachtet man in der selben Modellkonfiguration jedoch die Ausbreitungsgeschwindigkeit der Entwicklung stromabwärts einer örtlich begrenzten Anfangsstörung in der Höhe (nicht gezeigt), so stellt man eine Gruppengeschwindigkeit von 82 % des Jetmaximums fest. Dies gibt Anlass zu der Vermutung, dass der Unterschied in der Gruppengeschwindigkeit durch den besonderen Charakter der Anfangsstörung im ET–Experiment entsteht. Das ET–System bewirkt eine kontinuierliche Anregung des Wellenzugs und bewegt sich dabei langsamer stromabwärts als ein sich frei entwickelndes baroklines System. Außerdem wird die Ausbreitung des Rossby–Wellenzugs durch die balancierte Strömung der Outflow–Anomalie verlangsamt (Abschnitt 6.3).

6.2 Sensitivitätsexperimente

Im folgenden soll untersucht werden, welche Faktoren für die Ausbreitung des Wellenzugs eine wichtige Rolle spielen. Es werden insbesondere die Stärke des Strahlstroms, Feuchtprozesse in den mittleren Breiten sowie die Struktur des tropischen Wirbelsturms betrachtet.

6.2.1 Einfluß der Stärke des Strahlstroms

Zur Untersuchung der Sensitivität des numerischen Experimentes bezüglich der Stärke des Strahlstroms und der damit verbundenen Baroklinität wird das Experiment aus Abschnitt 6.1 mit einem schwächeren (WJET) sowie einem stärkeren (SJET) Strahlstrom wiederhohlt. Als Anfangsbedingungen für diese Experimente dient das Windprofil von RE, wobei die Windgeschwindigkeiten jeweils mit 0.67 bzw. 1.33 multipliziert werden. Dadurch erhält man eine maximale Stärke des Strahlstroms von $27\,\mathrm{m\,s^{-1}}$ (WJET) und $53\,\mathrm{m\,s^{-1}}$ (SJET). Die Veränderung der Jetstärke führt auch zu einer Änderung der bodennahen Temperaturverteilung. Unterhalb des Maximums des Strahlstroms ist die Temperatur in der untersten Modellschicht, und damit auch die SST, in WJET 5–6 K höher als in SJET. Durch die gleich hohe relative Feuchte in den Anfangsbedingungen führt dies zu einem stärkeren Freiwerden latenter Wärme

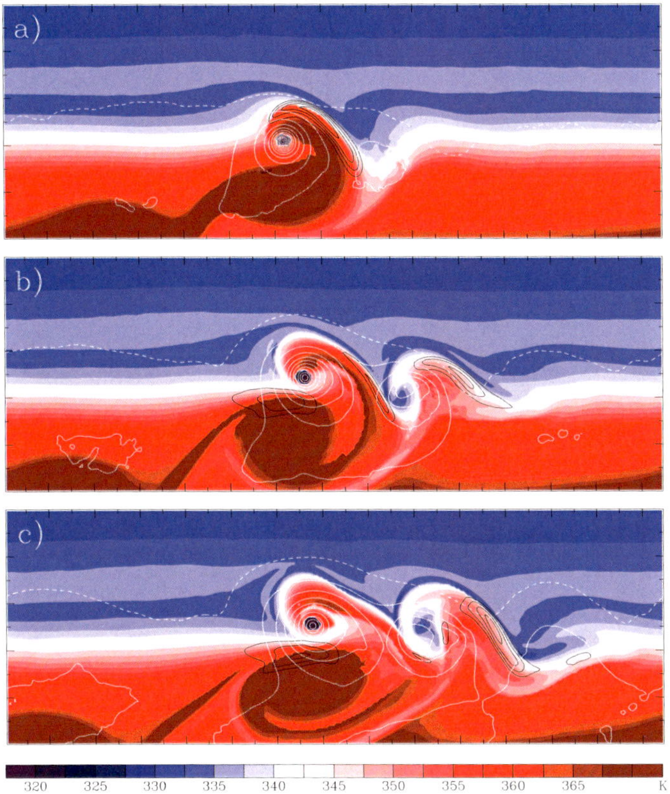

Abbildung 6.5: Wie Abb. 6.1, jedoch für Experiment WJET und (a) 180 h, (b) 216 h und (c) 240 h. Entsprechend der geringeren maximalen Windgeschwindigkeit des Strahlstroms werden die Konturlinien ab 32 m s^{-1} gezeigt.

während der baroklinen Entwicklung in WJET und dadurch zu weiteren Unterschieden zwischen WJET und SJET. Gegenüber der veränderten Baroklinität kann dieser Effekt in den folgenden Experimenten jedoch als zweitrangig angesehen werden.

Die einzelnen Experimente werden zu Beginn der Entwicklung des Primärtiefs[1], nach einer Intensivierungsphase von 36 h sowie am Ende des

1 definiert als das erste Auftreten einer geschlossenen Isobare im Bodendruckfeld

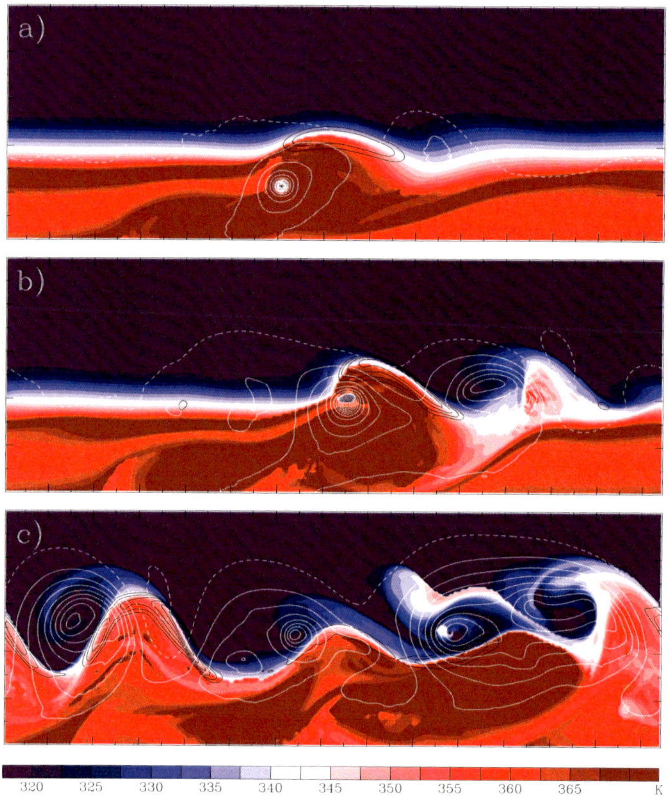

Abbildung 6.6: Wie Abb. 6.1, jedoch für Experiment SJET und (a) 132 h, (b) 168 h und (c) 240 h. Entsprechend der höheren maximalen Windgeschwindigkeit des Strahlstroms werden die Konturlinien ab $58\,\mathrm{m\,s^{-1}}$ gezeigt.

Experiments miteinander verglichen. Im Vergleich zu RE entwickelt sich das Primärtief in WJET unterhalb einer stärker meridional ausgerichteten Höhenströmung und zu einem späteren Zeitpunkt (Abb. 6.5(a), vgl. mit Abb. 6.1(b)). Die meridionale Position des ET–Systems ist in RE und WJET sehr ähnlich. Das Zentrum des Primärtiefs ist bei RE auf der selben meridionalen Breite wie das ET–System, wohingegen es in WJET ein wenig (~200 km) weiter nach Süden verschoben ist. Der Streamer niedriger θ–Werte, der sich antizyklonal um die Outflow–Schicht

ersteckt, ist bei WJET am stärksten ausgeprägt.
In SJET entwickelt sich das Primärtief früher und innerhalb einer zonaleren Umgebungsströmung. Der Jet Streak hat dabei eine bemerkenswert zonale Ausrichtung (Abb. 6.6(a)). Anders als in RE und WJET befindet sich das ET–System während der Intensivierungsphase südlich des Primärtiefs. Der Trog stromabwärts von ET ist in diesem Fall sehr viel breiter und stärker positiv geneigt (Abb. 6.6(b)). In allen drei Fällen sind die Vertiefungsraten während der 36–stündigen Periode ähnlich groß. Im späteren Verlauf entwickelt sich das Primärtief in SJET jedoch am stärksten (Abb. 6.6(c)).
Bei einem schwächeren Strahlstrom entwickelt sich das Primärtief unterhalb einer stärker meridional orientierten Höhenströmung und die Charakteristik des Lebenslaufs nimmt zunehmend antizyklonale Merkmale an.
Die Gruppengeschwindigkeit von Rossbywellen an einem meridional begrenzten barotropen Strahlstrom lässt sich, wenn man den PV–Gradienten in Zusammenhang mit dem Strahlstrom durch zwei diskrete Sprünge Δ annähert, als

$$c_g = U_0 + \Delta y_0 e^{-2y_0 k}$$

ausdrücken (Swanson et al. (1997); U_0 ist dabei die maximale Windgeschwindigkeit des Strahlstroms, $2y_0$ der meridionale Abstand zweier PV–Konturen und k die zonale Wellenzahl). Sowohl die höhere Windgeschwindigkeit als auch der stärkere PV–Gradient tragen demnach zu einer höheren Gruppengeschwindigkeit bei stärkerem Strahlstrom bei. In WJET kann man davon ausgehen, dass sich das entwickelnde Rücken–Trog–Paar am langsamsten von seinem Entstehungsort ausbreitet. Man kann daher annehmen, dass — in einem Lagrange'schen Sinne — die Mechanismen, die zur Bildung des Rücken–Trog–Paares führen, über einen längeren Zeitraum wirken und damit zu einer stärkeren Ausprägung führen. Analog dazu lässt sich auch der deutlichere PV–Streamer in WJET erklären.
Die Hovmöller–Diagramme der Experimente WJET und SJET

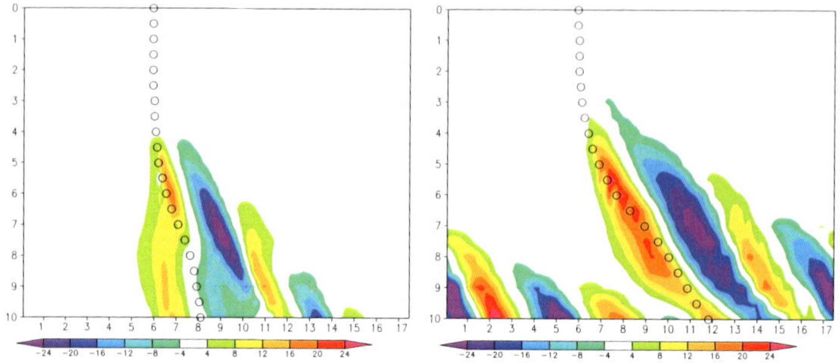

(a) WJET (b) SJET

Abbildung 6.7: Wie Abb. 6.4, jedoch für (a) WJET und (b) SJET.

(Abb. 6.7) bestätigen, dass der Rossby–Wellenzug bei stärkerem Strahlstrom etwas früher angeregt wird (in SJET ∼12 h früher als in WJET) und sich dann stromabwärts deutlich schneller ausbreitet. Schätzt man die Gruppengeschwindigkeit wie in Abschnitt 6.1 ab, so findet man sowohl für die Gruppengeschwindigkeit als auch für die Wellenlänge größere Werte, je stärker der Strahlstrom ist (Tabelle 6.1).

6.2.2 Einfluss von Feuchtprozessen in den mittleren Breiten

Während der Verstärkung des Primärtiefs wird eine beträchtliche Menge an latenter Wärme freigesetzt (nicht gezeigt). Dadurch bildet sich in der unteren und mittleren Troposphäre eine positive und in der oberen Troposphäre eine negative PV–Anomalie (Abb. 6.8, vgl. Abschnitt 3.1). Latente Wärme wird insbesondere entlang der geneigten Isentropen, die mit der Warmfront des Primärtiefs zusammenhängen, freigesetzt. Die PV–Anomalie in der Höhe spiegelt dabei einen direkten diabatischen Einfluss auf die Tropopausenstruktur wider. Von der positiven PV–Anomalie in der unteren und mittleren Tropopsphäre kann ebenfalls erwarten werden, dass sie die Entwicklung in der Höhe beeinflusst (Nielsen-Gammon und Lefevre, 1996).

Um die Ausbreitung des Wellenzugs in einer trockenen Umgebung zu untersuchen, werden im Experiment RE die Parameterisierungen für

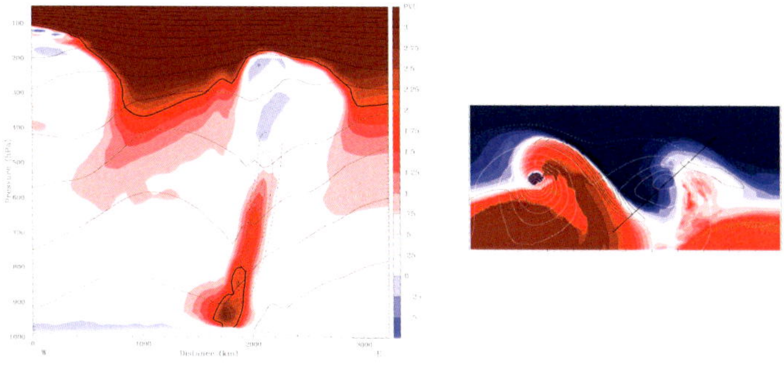

(a) (b)

Abbildung 6.8: (a) Vertikalschnitt der PV (farbig), der potentiellen Temperatur (Konturlinien, alle 10 K) und der Erwärmungsrate durch explizit aufgelöste Kondensationsprozesse (gestrichelt, alle $2\,K\,h^{-1}$) von Südwesten (links) nach Nordosten (rechts) nach 180 h. Die Lage der dynamische Tropopause (PVU=2) ist durch die dicke Konturlinie gekennzeichnet. (b) Wie in Abb. 6.1, jedoch für einen Modellausschnitt, der das ET–System (links) und das Primärtief (rechts) umfasst, ebenfalls nach 180 h. Die Linie gibt die Lage des Querschnitts in (a) an.

die Mikrophysik und Konvektion nach 120 h im äusseren Gebiet ausgeschaltet, wodurch das Freiwerden latenter Wärme unterdrückt wird (Experiment DRY). Im Nest um das ET–System herum werden die Parameterisierungen nicht verändert, so dass auch die Struktur des ET–Systems nicht bemerkenswert beeinflusst und die Anregung des Rossby-Wellenzuges nicht verändert wird (Abb. 6.9(a), vgl. Abb. 6.1(b)). Das Primärtief befindet sich in diesem Experiment vollständig außerhalb des Nests.

In DRY verstärkt sich das Primärtief deutlich geringer als in RE (Abb. 6.9(b)-6.9(c) und 6.1(c)-6.1(d)). Feuchtprozesse spielen für die Intensivierung des Systems demnach eine wichtige Rolle. Am Ende des Experiments wird das Bodendruckfeld durch das ET–System dominiert und das Primärtief ist nicht als eigenständiges System durch geschlossene Isobaren charakterisiert. Man kann es jedoch an einem Gebiet niedrigen Drucks im Osten des ET–Systems erkennen. Der Abstand beider Systeme ist ähnlich wie in RE, sie befinden sich jedoch ungefähr 400 km weiter westlich. Das System stromaufwärts des ET–Systems ist in DRY

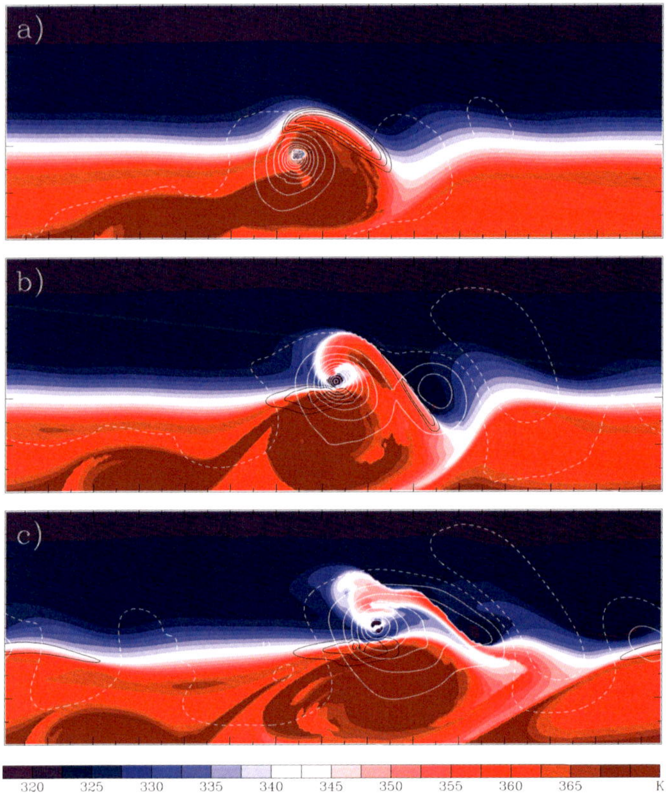

Abbildung 6.9: Wie Abb. 6.1, jedoch für Experiment DRY und (a) 156 h, (b) 192 h und (c) 240 h.

ebenfalls deutlich weniger stark ausgeprägt.

Das zyklonale Aufrollen des Höhentroges stromabwärts des ET–Systems ist in DRY nach 192 h deutlich schwächer ausgeprägt. Man kann daher vermuten, dass bodennahe PV–Anomalien eine wichtige Rolle beim Aufrollen des Trogs spielen. Der Streamer niedriger θ–Werte ist zu diesem Zeitpunkt ein wenig stärker ausgeprägt als in RE. Die Annahme, dass diabatische Prozesse für die Rückenbildung wichtig sind, wird von der Tatsache unterstützt, dass stromabwärts des Primärtiefs der Rücken in

DRY tatsächlich deutlich weniger stark ausgeprägt ist (Abb. 6.9(b) und 6.1(c)). Zwischen dem Primärsystem und dem nächsten Tiefdruckgebiet stromabwärts befindet sich in DRY ein ausgeprägtes Hochdruckgebiet, das in RE nicht vorhanden war. Das zweite und dritte Tief stromabwärts sind zwar deutlich schwächer entwickelt, aber ihre Lage ist sehr ähnlich wie in RE.
Auch die Position des schwächer ausgeprägten zweiten und dritten Trogs stromabwärts des ET–Systems ist am Ende des Experiments fast identisch zu der in RE (Abb. 6.9(c)). Aus der unveränderten Lage der Höhentröge kann man schliessen, dass sich Feuchtprozesse in diesem Experiment weder auf die Wellenlänge noch die Gruppengeschwindigkeit des Rossby–Wellenzugs auswirken. Offensichtlich haben sie jedoch einen bedeutenden Einfluss auf die Amplitude des Wellenzugs.

6.2.3 Einfluss der Struktur des tropischen Wirbelsturms

Wie in den letzten beiden Abschnitten gezeigt wurde, ist die Ausbreitung des Rossby-Wellenzugs von der Struktur der mittleren Breiten abhängig. In diesem Abschnitt wird nun der Frage nachgegangen, welche Rolle die Struktur des tropischen Wirbelsturms bei der Anregung und Ausbreitung des Wellenzugs spielt.

Experiment mit einem schwächerem Wirbelsturm

Wie auch in anderen Modellstudien beobachtet (z.B. Frank und Ritchie, 1999), kann man beim Experiment RE davon ausgehen, dass der Wirbelsturm vor der Wechselwirkung mit dem Strahlstrom seine potentielle Intensität (PI) erreicht. Einflüsse aus der Umgebung, die den Wirbelsturm am Erreichen der PI hindern könnten, sind im Modell entweder nicht repräsentiert (z.B. das Abkühlen der SST durch die sturminduzierte Durchmischung der Ozeandeckschicht) oder wirken sich auf den Wirbelsturm noch nicht aus (z.B. vertikale Scherung). Änderungen in der thermodynamischen Struktur der Modellatmosphäre oder der SST erlauben es nach der PI–Theorie, die anfängliche Stärke des Wirbelsturms zu beeinflussen. Dabei wirkt sich die Veränderung der thermodynamischen Struktur auf die Jet Struktur und dadurch auch direkt auf den baroklinen Lebenslauf aus. Auch in Experimenten mit einer Variation der SST war es nicht möglich, den Einfluss der geänderten Wirbelsturmstärke vom direkten Einfluss der veränderten Bodenflüsse auf die Entwicklung der baroklinen Welle zu unterscheiden. Mit dem hier vorliegenden Versuchsaufbau ist es daher schwierig, die Intensität des tropischen Wirbelsturms zu kontrollieren, ohne auch den baroklinen Lebenslauf zu beeinflussen. Es hat sich jedoch herausgestellt, dass ein kleinerer anfänglicher Wirbel beim Hochfahren des Wirbelsturms zu einem etwas schwächeren und kleinskaligeren Sturm führt, dessen Outflow–Schicht insbesondere schwächer ausgeprägt ist[1].

Wiederhohlt man RE mit diesem kleineren, etwas schwächeren Sturm (Experiment KTC), so bewegt sich der Wirbelsturm deutlich langsamer in Richtung Strahlstrom und die Wechselwirkung findet zu einem späteren Zeitpunkt statt. Wu und Emanuel (1993) haben gezeigt, dass die Outflow–Anomalie bei einer asymmetrischen Verteilung um das Sturmzentrum zur Bewegung des Wirbelsturms beitragen kann. In diesem Sinne führt die Abschwächung der Outflow–Anomalie in KTC offensichtlich zu einer langsameren Bewegung des Sturms in die mittleren Breiten. Zu dem Zeitpunkt, zu dem das Primärtief anfängt sich zu entwickeln, befindet sich der tropische Wirbelsturm in KTC weiter südlich und der Strahlstrom weist eine zonalere Ausrichtung auf als in RE (Abb. 6.10(a), vergleiche mit 6.1(b)). Der Kerndruck des Wirbelsturms beträgt zu diesem Zeitpunkt 905 hPa. Die Verstärkung des Primärtiefs in den folgenden 36 h ist geringer als in RE und der damit verbundene Höhentrog ist breiter und stärker von Nordwesten nach Südosten geneigt (Abb. 6.10(b)). Am Ende des Experiments erreicht der Wirbelsturm gerade die Transformationsphase und besitzt einen Kerndruck von 947 hPa. Das Primärtief entwickelt sich unter einer zonaleren Höhenströmung und verstärkt sich dabei genauso tief wie in RE (Abb. 6.10(c)).

---

1 Der Einfluss der anfänglichen Störung und des Entstehungsprozesses auf die Struktur des vollentwickelten Wirbelsturms ist Gegenstand aktueller Forschung und noch nicht hinreichend verstanden. Die hier gefundene Beziehung ist rein empirisch.

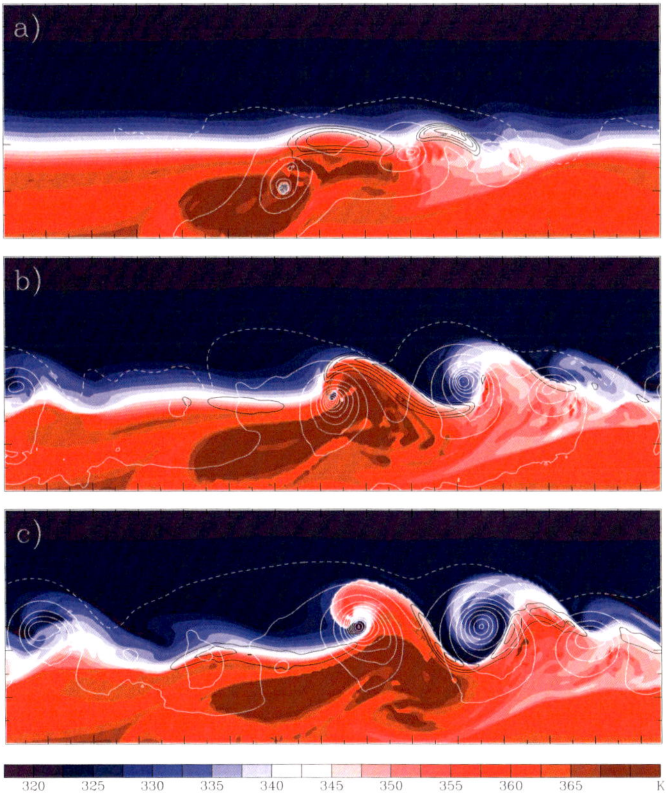

Abbildung 6.10: Wie Abb. 6.1, jedoch für Experiment KTC und (a) 180 h, (b) 216 h und (c) 240 h.

Der Streamer niedriger θ–Werte ist in KTC etwas weniger ausgeprägt als in RE (Abb. 6.1(b)–6.1(c) und 6.10(b)–6.10(c)).

Starke Intensitätsänderung während ET

Um die hohen Unsicherheiten in numerischen Wettervorhersagesystemen bezüglich der Intensitätsänderung von ET–Systemen widerzuspiegeln und ihren Einfluss auf die Entwicklung stromabwärts zu untersuchen, wird das Experiment DRY betrachtet und dort zu Beginn der

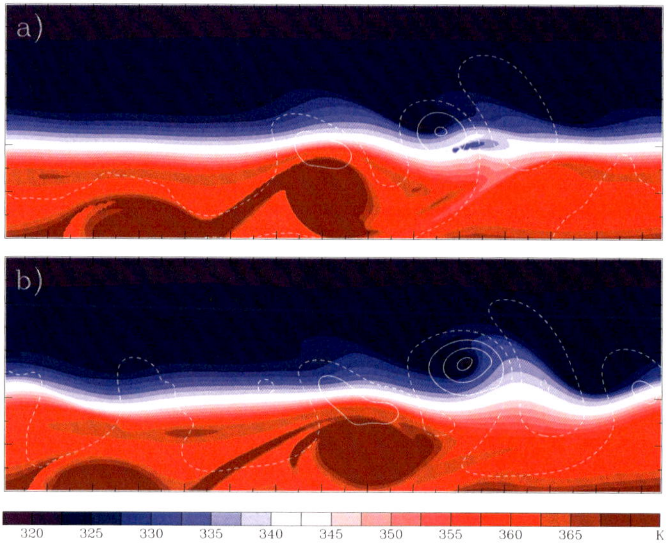

Abbildung 6.11: Wie Abb. 6.1, jedoch für Experiment DRY_OFF und (a) 192 h und (b) 240 h.

Transformationsphase (120 h) die Feuchtprozesse im Nest ausgeschaltet (DRY_OFF). Dies führt zu einem sehr schnellen Abschwächen des ET–Systems. Durch dieses Experiment lässt sich eine obere Grenze der Sensitivität der Entwicklung stromabwärts bezüglich der Entwicklung des ET–Systems in der Transformationsphase abschätzen.
Bis 156 h schwächt sich das ET–System beträchtlich ab und der Kerndruck von 985 hPa ist 45 hPa höher als in DRY. Das Rücken–Trog–Paar ist zu dieser Zeit weniger stark ausgeprägt, die Lage des Primärtiefs ist jedoch fast gleich (nicht gezeigt). Nach 192 h beginnen die Positionen der Primärtiefs in den entsprechenden Experimenten deutlich voneinander abzuweichen. Im Experiment DRY ist das Primärtief durch den scharfen Trog eng mit dem ET–System verbunden (Abb. 6.9(b)), wohingegen es sich in DRY_OFF unabhängig entwickeln kann und sich nach Norden bewegt (Abb. 6.11(b)). Am Ende des Modelllaufs ist es deutlich von dem sehr schwachen ET–System, das sich südlich der Jetachse befindet, zu

unterscheiden (Abb. 6.11(b)). Das Primärtief hat sich in den zyklonalen Scherungsbereich des Strahlstroms bewegt und der Bodendruck ist tiefer als in DRY. Stromabwärts davon ist das Hochdruckgebiet am Boden sowie der Wellenzug in der Höhe ebenfalls stärker ausgeprägt. Im Bereich stromabwärts des zweiten Tiefdruckgebiets ist das Strömugsmuster wieder sehr ähnlich wie in DRY.

Das Primärtief in DRY durchläuft unter dem Einfluss des starken ET–Systems eine Mischform des zyklonalen und antizyklonalen Lebenslaufs und verbleibt in diesem Experiment südlich des Strahlstroms. Das stärkere ET–System fördert die Bildung des Trogs und des Streamers, führt jedoch nicht zu einer tieferen Entwicklung des Bodensystems stromabwärts. Trotz der stärkeren Anregung ist der Wellenzug in der Höhe im späteren Verlauf in DRY schwächer ausgeprägt. Dies deutet sehr stark darauf hin, dass die barokline Rückkopplung eine wichtige Rolle in der Ausbreitung des Wellenzugs spielt.

Die Unterschiede zwischen DRY und DRY_OFF schwächen sich stromabwärts von ET immer stärker ab. Diese Beobachtung ist konsistent mit dem Resultat von Orlanski und Chang (1993), die aus ihren idealisierten Experimenten *barokliner Entwicklung stromabwärts* folgerten, dass die langfristige Entwicklung von der anfänglichen Störung unabhängig ist. Auf einer synoptischen Größenskala von ein bis zwei Wellenlängen spielt die Struktur des ET–Systems bei der Wechselwirkung mit dem geraden Strahlstrom jedoch eine wichtige Rolle.

6.3 Diagnose mittels PV-Inversion

Selbst vor dem idealisierten Szenario des geraden Strahlstroms in RE stellen sich die physikalischen Prozesse, die mit der Wirbelsturm–Jet–Wechselwirkung verbunden sind, als sehr komplex dar. Die starke zyklonale Zirkulation des Wirbelsturms, die in der Höhe ausströmende Luft, bodennahe Warmfrontogenese und das Freiwerden beträchtlicher Mengen latenter Wärme können zur Bildung des Jet Streaks und des Rücken–Trog–Musters und damit zur Anregung des Wellenzuges in der

Höhe beitragen. In diesem Abschnitt wird eine stückweise PV–Inversion (Abschnitt 3.2) durchgeführt, um die Beiträge der verschiedenen Prozesse an der Bildung und Verstärkung des Rücken-Trog-Musters zu quantifizieren.

Gemäß der PV–Sichtweise barokliner Instabilität, sowie in Anlehnung an die schematische Darstellung der PV–Anomalien, die an ET beteiligt sind (siehe Abschnitt 3.1) werden die PV–Anomalien so definiert, dass sie den sich umwandelnden Wirbelsturm (TCges), aufgeteilt in den zyklonalen PV–Turm (TCcore) und die Outflow–Anomalie (TCout), das Wellenmuster in der Höhe (UP) sowie die bodennahen Temperaturanomalien (LOW, beinhaltet zudem bodennahe PV-Anomalien) repräsentieren. Einzelheiten zur Definition der PV–Anomalien finden sich im Anhang C.

Die Tropopausenstruktur der mittleren Breiten kann zu Beginn der Wechselwirkung durch eine wellenförmige Abweichung von einem zonalen Grundzustand betrachtet werden. Die Verstärkung dieses Wellenmusters dominiert die Entwicklung in den mittleren Breiten bis 156 h (Abb. 6.1). Der Beitrag einer einzelnen PV–Anomalie auf diese Entwicklung wird im folgenden durch die Advektion von θ auf der Tropopause durch das Windfeld, das von dieser Anomalie induziert wird, beschrieben. Es wird die meridionale Windkomponente betrachtet, da nur diese eine Verstärkung des Wellenmusters bewirkt.

Zu einem sehr frühen Zeitpunkt der Wechselwirkung (72 h) ist die Auslenkung des Strahlstroms sehr gering und die Strömung in Zusammenhang mit der Höhenanomalie UP vernachlässigbar klein. Zu dieser Zeit herrscht in der Verteilung der Anomalien ein hoher Grad an Symmetrie. Die Windfelder, die von TCcore und TCout induziert werden, sind weitgehend kreisförmig und südlich des Scheitelpunkts des Rückens zentriert (Abb. 6.12). Die zyklonale Zirkulation, die durch TCcore induziert wird, weist einen Dipol von nordwärts gerichteter Advektion hoher θ–Werte an der Ostflanke und südwärts gerichtete Advektion niedriger θ–Werte an der Westflanke des Rückens auf (Abb. 6.12(a)). In Zusammenhang mit TCout zeigt sich ein ähnliches Muster, jedoch mit umgekehrten Vorzei-

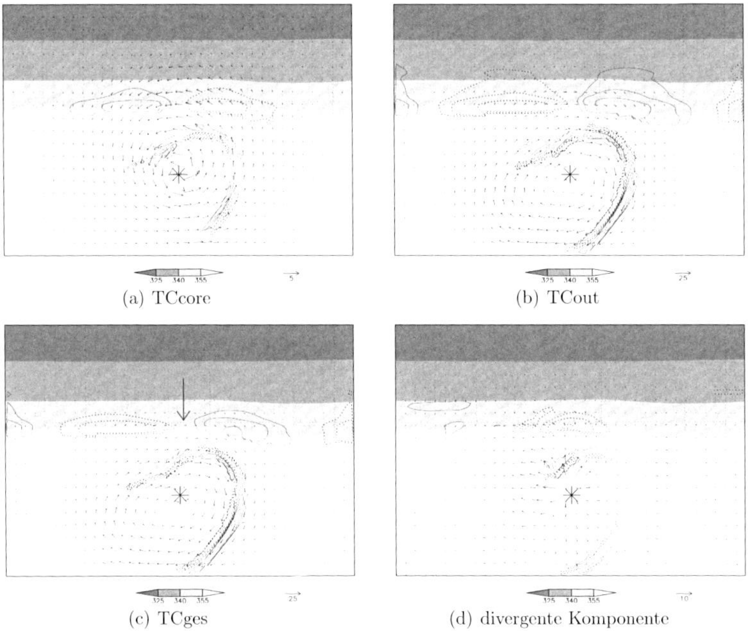

Abbildung 6.12: Potentielle Temperatur (θ, schattiert), balanciertes Windfeld (Pfeile) und meridionale Advektion von θ (Konturlinien) auf der dynamischen Tropopause (2 PVU) für die PV–Anomalien (a) TCcore, (b) TCout, (c) TCges und (d) für die divergente Windkomponente bei 72 h. Konturlinien bei 2, 4, 8 und $16 \times 10^{-5}\,\mathrm{K\,s^{-1}}$ für $\theta < 360\,K$. Gestrichelte Konturen zeigen Advektion hoher θ–Werte nach Norden, durchgezogene Linien Advektion niedriger θ–Werte nach Süden. Der Asterisk markiert die Position des tropischen Wirbelsturms und der senkrechte Pfeil in (c) die Achse des Rückens. Gitterlinien alle 1000 km. Man beachte die unterschiedliche Skalierung der Windpfeile.

chen. Die Zirkulation ist zudem stärker und erstreckt sich weiter west– und ostwärts. Das antizyklonale Advektionsmuster des Outflows dominiert daher zu dieser Zeit den Gesamteffekt der balancierten Strömung des tropischen Wirbelsturms auf die Tropopausenentwicklung in den mittleren Breiten (Abb. 6.12(c)). Das Advektionsmuster ist jedoch 90° außer Phase mit dem sich entwickelnden Rücken und trägt daher nicht zur Verstärkung der Höhenstörung bei. Die kleinskaligen Strukturen, die in der Umgebung des Wirbelsturmzentrums auftreten, stehen in Zusammenhang mit dem θ–Gradienten am Rand der Outflow–Anomalie.

Durch die PV–Inversion gewinnt man nur den nicht–divergenten Anteil der Strömung. Im Outflow–Bereich findet man jedoch eine beachtliche divergente Komponente. Es wird daher eine Helmholtz–Aufteilung der Strömung durchgeführt[1], um den Einfluss der divergenten Komponente auf die Advektion von θ auf der Tropopause zu untersuchen. Rein technisch betrachtet kann das divergente Windfeld nicht einem bestimmten Strömungssystem zugeordnet werden. Durch die Betrachtung der Windpfeile in Abb. 6.12(d) wird jedoch klar, dass die divergente Windkomponente zu diesem Zeitpunkt mit dem Outflow des tropischen Wirbelsturms zusammenhängt. Im Gegensatz zu der balancierten Strömung findet man nun die Advektion hoher θ–Werte in den Scheitelpunkt des Rückens und damit eine Verstärkung dieser Anomalie.
Die Werte für die Advektion in den Scheitelpunkt des Rückens betragen $4 - 8 \times 10^{-5}\,\mathrm{K\,s^{-1}}$. Dieses Advektionsmuster ändert sich in den nächsten 24 h nicht merklich (nicht gezeigt). Nimmt man für diese Zeitspanne eine Durchschnittswert von $5 \times 10^{-5}\,\mathrm{K\,s^{-1}}$ an, so führt das zu einer Zunahme der potentiellen Temperatur am Scheitelpunkt des Rückens um 5 K. Setzt man einen θ–Gradienten von $2.5 \times 10^{-2}\,\mathrm{K\,km^{-1}}$ voraus, so ergibt sich damit eine Auslenkung der 355 K–Isentrope um 200 km. Diese Auslenkung lässt sich auch anhand der Modelldaten erkennen (nicht gezeigt). Daraus kann man folgern, dass in der frühen Phase der Wechselwirkung die divergente Komponente der Strömung in Zusammenhang mit dem Outflow den wichtigsten Beitrag zum Aufbau des Rückens leistet.
In der weiteren Entwicklung löst sich die symmetrische Anordnung der Anomalien allmählich auf. Die Outflow–Luft bewegt sich mit dem Wellenmuster in der Höhe mit und befindet sich im nördlichen Bereich immer noch als weitgehend kreisförmige Anomalie mit ihrem Mittel-

---

1 Lynch (1989) hat gezeigt, dass die Aufteilung des Windfelds in einen nicht–divergenten und rotationsfreien Anteil in einem begrenzten Gebiet nicht eindeutig ist. Er schlägt eine Aufteilung in die divergente, die Wirbel– sowie die harmonische Komponente vor. Dieser Ansatz wird in dieser Arbeit verfolgt und es wird die Summe der harmonischen und divergenten Komponente betrachtet. Da die harmonische Komponente sehr klein ist, wird im Folgenden der einfachheitshalber die Summe der beiden Komponenten als *divergentes Windfeld* bezeichnet.

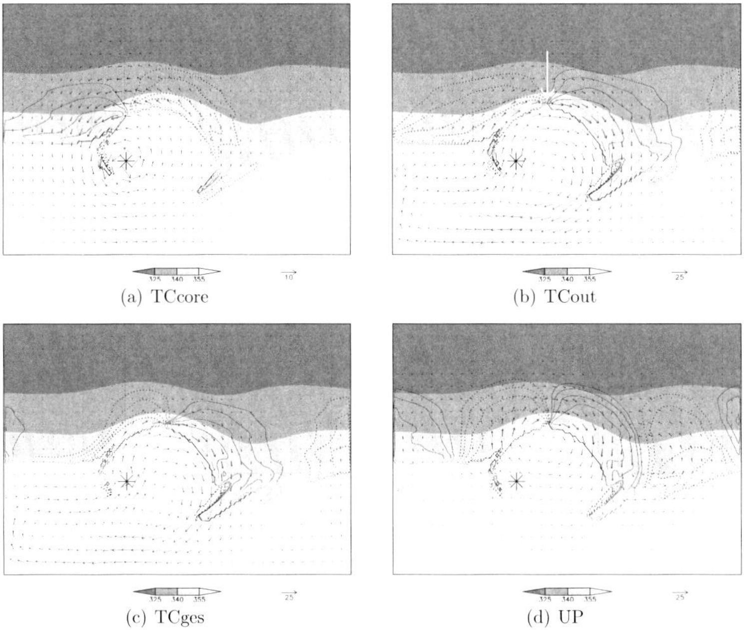

(a) TCcore (b) TCout

(c) TCges (d) UP

Abbildung 6.13: Wie Abb. 6.12, jedoch für die balancierte Strömung, die durch die Anomalien (a) TCcore, (b) TCout, (c) TCges und (d) UP bei 132 h induziert wird. Der senkrechte Pfeil in (b) markiert die Achse des Rückens.

punkt südlich des Scheitelpunkts des Rückens. Das Zentrum des Wirbelsturms bewegt sich hingegen langsamer ostwärts und führt dadurch zu einer westwärts Verschiebung der Zentrumsposition relativ zum Rücken–Trog–Muster (Abb. 6.1(a)). Daraus ergeben sich bedeutende Unterschiede im Advektionsmuster. Nach 132 h ist die zyklonale Zirkulation, die durch TCcore induziert wird, teilweise in Phase mit der Höhenanomalie des Rückens und hohe θ–Werte werden in den Scheitelpunkt advehiert (Abb. 6.13(a)). Die Advektion in Zusammenhang mit TCout ist immer noch 90° außer Phase mit dem Rücken (Abb. 6.13(b)) und wirkt der Advektion von TCcore nicht mehr im gleichen Maße entgegen. Die Phasenverschiebung dieser beiden Muster führt bezüglich des Rückens ebenfalls zu einer Phasenverschiebung des Advektionsmusters

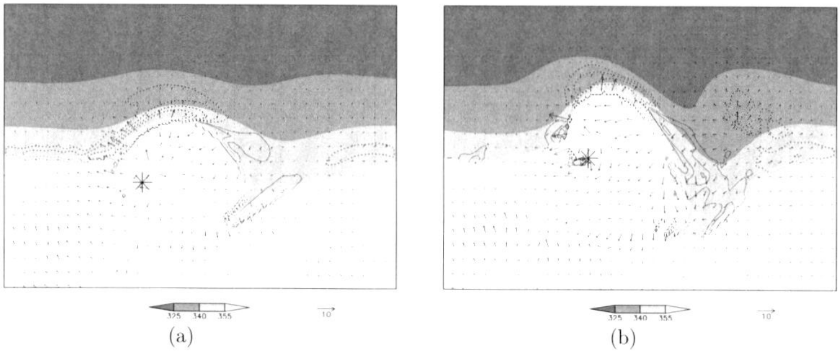

Abbildung 6.14: Wie Abb. 6.12, jedoch für die divergente Windkomponente bei (a) 132 h und (b) 156 h.

von TCges (vgl. Abb. 6.13(c) und Abb. 6.12(c)). Dadurch trägt nun auch die balancierte Strömung des tropischen Wirbelsturms zur Verstärkung des Rückens bei. Sowohl die Advektion der Höhenstörung selbst (Abb. 6.13(d)) als auch durch TCout (Abb. 6.13(b)) sind relativ zum Rücken 90° phasenverschoben. Dies führt relativ zur Grundströmung zu einer westwärts Bewegung des Wellenmusters (Hoskins et al., 1985). Demnach verlangsamt die Outflow–Anomalie die Ausbreitung des Wellenmusters nach Osten und fördert dadurch das *phase–locking* zwischen dem tropischen Wirbelsturm und dem Wellenmuster in der Höhe.

Die südwärts gerichtete Advektion niedriger θ–Werte, die man der Outflow–Anomalie zuschreiben kann, reicht bis über den Scheitelpunkt des Trogs hinaus stromabwärts. Dies führt durch die weitere Südverschiebung des θ–Minimums zu einer Verstärkung des Trogs. Die Advektion durch UP erreicht die Südspitze des Trogs und kennzeichnet zu diesem Zeitpunkt eine geringfügige Verstärkung des Trogs an der Vorderflanke des Rossby–Wellenzugs.

Das Advektionsmuster der divergenten Windkomponente ist bei 132 h deutlich komplexer als in Abb. 6.12(d) und kann nicht mehr nur dem Outflow zugeordnet werden (Abb. 6.14(a)). Weiterhin findet eine erhebliche Advektion hoher θ–Werte in den Scheitelpunkt des Rückens statt ($8 - 16 \times 10^{-5}\,\mathrm{K\,s^{-1}}$).

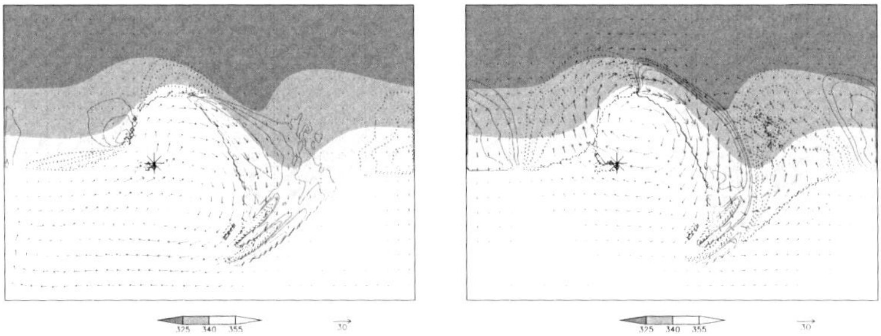

(a) TCges (b) UP

Abbildung 6.15: Wie Abb. 6.12, jedoch für Anomalien (a) TCges und (b) UP bei 156 h

Zu dem Zeitpunkt, an dem der Wirbelsturm die Transformationsphase beginnt (156 h), ist die gleichzeitige Verstärkung des Rücken–Trog–Musters am stärksten ausgeprägt (Abb. 6.15(a)). Die Advektionsmuster von TCcore und TCout sind ähnlich wie bei 132 h und werden nicht gezeigt. Der tropische Wirbelsturm befindet sich nun nahe genug am θ–Gradienten der mittleren Breiten, so dass die zyklonale Zirkulation das Advektionsmuster stromaufwärts des ET–Systems dominiert. Niedrige θ–Werte werden nun durch das ET–System an der Westflanke des Rückens nach Süden transportiert. Betrachtet man die Windpfeile im südlichen Bereich des Trogs stromabwärts, so wird deutlich, dass die antizyklonale Zirkulation in Zusammenhang mit der Outflow–Anomalie nicht nur zur Verstärkung des Trogs beiträgt, sondern auch die Ursache für das antizyklonale Brechen des südlichen Teils des Trogs darstellt und ebenfalls für die Bildung des Streamers verantwortlich ist.
Die von UP induzierte Strömung zeigt deutlich ein zyklonales Strömungsmuster im Bereich des Trogs stromabwärts des ET–Systems (Abb. 6.15(b)). Insbesondere an der Südspitze des Trogs würde dies eher zu einem zyklonalen Aufrollen als zu dem beobachteten antizyklonalen Brechen führen. Zu diesem Zeitpunkt findet man auch Advektion von hohen θ–Werten in den Rücken stromabwärts des Primärtiefs. Die daraus resultierende Verstärkung dieses Rückens kennzeichnet die weitere Ausbreitung des Rossby–Wellenzugs stromabwärts.

Das Advektionsmuster der divergenten Strömung ist bei 156 h durch einen starken Dipol gekennzeichnet (Abb. 6.14(b)). Man findet Advektion hoher θ–Werte im Scheitelpunkt des Rückens (mit Werten von 8 - $16 \times 10^{-5}\,\mathrm{K\,s^{-1}}$) und Advektion niedriger θ–Werte im Südteil des Trogs. Die Position sowie die Orientierung der divergenten Strömung stimmt zu diesem Zeitpunkt mit der sekundären Zirkulation, die im Ein– und Ausgangsbereich von Jet Streaks zu finden ist (Shapiro und Kennedy, 1981), überein, und kann daher wahrscheinlich dem ausgeprägten Jet Streak stromabwärts des ET–Systems zugeordnet werden (vgl. 6.1(b) zur Lage des Jet Streaks). Eine genauere Untersuchung der Sekundärzirkulation des Jet Streaks könnte hilfreich sein, um die einzelnen Beiträge zum divergenten Strömungsfeld besser zu identifizieren und stellt eine interessante Weiterführung der vorliegenden Arbeit dar.
Aus den Werten, die man bei 132 h und 156 h für die Advektion durch die balancierte und divergente Strömung in den Scheitelpunkt des Rückens findet, kann man den durchschnittlichen Wert für diesen 24–stündigen Zeitraum auf $30 \times 10^{-5}\,\mathrm{K\,s^{-1}}$ schätzen. Nimmt man nördlich des Rückens einen θ–Gradienten von $5 \times 10^{-2}\,\mathrm{K}$ an, so folgt daraus eine Verschiebung der 355 K–Isentrope um 520 km nach Norden. Diese Abschätzung ist in sehr guter Übereinstimmung mit der Verschiebung der Isentrope um 500 km, die man zwischen 132 h und 156 h beobachten kann (vgl. z.B. Abb. 6.13 und 6.15). Daraus lässt sich schließen, dass die Rückenbildung zum überwiegenden Teil durch Advektion der balancierten und divergenten Strömungskomponenten zu erklären ist, und dass ein diabatischer Einfluss auf den PV–Gradienten in den mittleren Breiten, wenn überhaupt vorhanden, sehr gering ist.
Nahe dem Abschluss von ET (180 h) beginnt der Trog antizyklonal zu brechen und der Streamer niedriger θ–Werte erstreckt sich tief in den Süden des Gebiets (Abb. 6.16). Der nördliche Teil des Trogs beginnt sich zyklonal aufzurollen. Die Struktur der Tropopause ist nun recht komplex und die Entwicklung der Anomalien kann nicht weiter als eine Verstärkung auf Grund größerer meridionaler Auslenkung angesehen werden. Betrachtet man zu diesem Zeitpunkt die gesamte horizontale Advektion

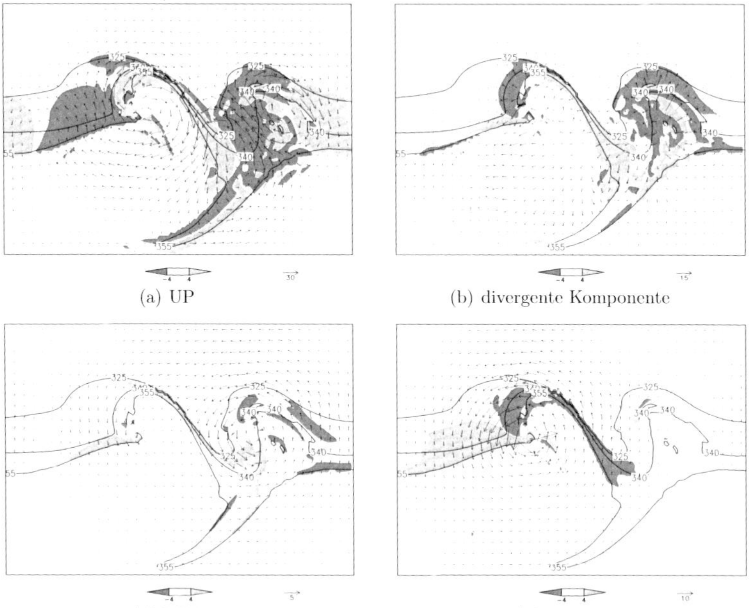

(a) UP (b) divergente Komponente (c) LOW (d) TCcore

Abbildung 6.16: θ (Konturlinien), Windfeld (Pfeile) und gesamte horizontale Advektion von θ (schattiert) auf der dynamischen Tropopause (2 PVU) bei 180 h. Das balancierte Windfeld und die Advektion sind für die PV–Anomalien (a) UP, (c) LOW und (d) TCcore und für (b) die divergente Windkomponente dargestellt. Dunkle Schattierung kennzeichnet Advektion hoher θ–Werte nach Norden, die helle Schattierung Advektion niedriger θ–Werte nach Süden. Zugunsten der Übersichtlichkeit werden nur Werte von $\pm\ 4 \times 10^{-5}\,\mathrm{K\,s^{-1}}$ gezeigt. Man beachte die unterschiedliche Skalierung der Windpfeile.

und die Orientierung der Strömung, so kann man weitere Einsicht in die Entwicklung der dynamischen Tropopause gewinnen.

Die Advektion der Outflow–Anomalie trägt, ähnlich wie bei 156 h, weiterhin zur Verstärkung des Trogs stromabwärts des ET–Systems und zur Bildung des Streamers bei (nicht gezeigt). Die Advektion hoher θ–Werte in den Rücken stromabwärts des Primärtiefs, sowie niedriger θ–Werte in den anschließenden sich entwickelnden Trog durch die Höhenströmung selbst (Abb. 6.16(a)), ist wiederum charakteristisch für die Verstärkung des Wellenzugs an seiner Vorderflanke. Der Rücken stromabwärts des

Primärtiefs hat sich in den letzten 24 h sehr deutlich verstärkt (vgl. die Lage der 340 K Konturlinie in Abb. 6.15 und 6.16). Wie in Abschnitt 6.1 gezeigt wurde, trägt der diabatische Abbau der PV in der Höhe wahrscheinlich einen bedeutenden Anteil an der Entwicklung des Rückens. Zudem findet man in diesem Rücken, in Übereinstimmung mit aufsteigender Luft und Freiwerden latenter Wärme, eine starke divergente Strömung in der Höhe (Abb. 6.16(b)). Die divergente Strömung trägt dabei zum Aufbau des Rückens bei.

An der markanten zyklonalen Krümmung der Strömung im nördlichen Bereich des Trogs erkennt man, dass die Höhenanomalie (UP) selbst zum zyklonalen Aufrollen des Trogs stromabwärts von ET beiträgt (Abb. 6.16(a)). Der Einfluss der bodennahen Anomalien war bis zu diesem Zeitpunkt vernachlässigbar. Nun erkennt man östlich des Trogs eine durch LOW induzierte zyklonale Zirkulation, die wahrscheinlich durch die diabatisch erzeugte positive PV–Anomalie (Abb. 6.8) dominiert wird. Diese Zirkulation unterstützt sehr deutlich das zyklonale Aufrollen des Trogs und führt auch zu einer weiteren Verstärkung. Im Hinblick auf das Konzept der *baroklinen Entwicklung stromabwärts* bedeutet das die barokline Verstärkung des Rossby-Wellenzugs in der Höhe.

In Abb. 6.16(d) wird deutlich, wie durch die Strömung, die durch die verbleibende positive PV–Anomalie des ET–Systems induziert wird, niedrige θ–Werte zyklonal um das Zentrum des Sturms advehiert werden. Das Windfeld der Höhenanomalie unterstützt dieses Aufrollen offensichtlich nicht (Abb. 6.16(a)). In vielen Fallstudien von ET wird ein starkes zyklonales Aufrollen des Höhentrogs beobachtet (z.B. bei Erin (2001); Röbcke et al., 2004). Die Bedeutung des sich abschwächenden PV–Turms für das Aufrollen der Tropopause wurde ebenfalls von Agustí-Panareda et al. (2005) in einer Fallstudie der ET von Lili (1996) demonstriert und hat sich als ausschlaggebend für die Reintensivierung des Systems erwiesen. Auch in den hier vorliegenden Experimenten kann man annehmen, dass das Aufwickeln der Tropopause eine wichtige Rolle bei der Erhaltung der hohen Intensität des ET–Systems in der außertropischen Phase spielt.

7

Numerische Experimente mit baroklinen Wellen

Ein gerader Strahlstrom stellt eine starke Idealisierung der Strömung der mittleren Breiten dar. In diesem Kapitel wird die Wechselwirkung mit komplexeren, aber realistischeren Strömungskonfigurationen untersucht. Es werden zwei Szenarien betrachtet, in denen die mittleren Breiten durch unterschiedliche Ausprägungen einer baroklinen Welle repräsentiert werden.

Im ersten Szenario findet ET im frühen Stadium einer baroklinen Entwicklung statt. Die Höhenströmung ist durch ein Trog–Rücken–Muster geprägt und die Bodensysteme sind nur schwach entwickelt. Das Szenario wird im folgenden als TRM bezeichnet. Innerhalb dieses Szenarios wird auch die Auswirkung des ET–Systems auf ein Tiefdruckgebiet im Bereich stromabwärts betrachtet, das sich anfangs unabhängig entwickelt.

Im zweiten Szenario befindet sich die barokline Entwicklung während ET in der Reifephase. Die Strömung der mittleren Breiten ist durch fünf starke Bodentiefdruckgebiete charakterisiert, die auf gleicher meridionaler Höhe mit regelmäßigen zonalen Abständen liegen. Zusammen mit der Höhenanomalie weisen die einzelnen Tiefs dabei eine vertikal kohärente Struktur auf. Die Höhenströmung ist durch ein ausgeprägtes Wellenmuster gekennzeichnet. Dieses Szenario wird als P5 bezeichnet.

Die Referenzexperimente beider Szenarien wurden so konzipiert, dass die Wechselwirkung mit dem Wirbelsturm in Phase mit der baroklinen Entwicklung stattfindet, d.h. es kommt zu keiner Verschiebung des Strömungsmusters der mittleren Breiten bei der anfänglichen Wechselwirkung. In TRM findet eine Verstärkung des Primärtiefs an derselbe Stelle statt, an der sich das Tiefdruckgebiet auch ohne den Einfluss des ET–Systems entwickelt. In P5 wird das ET–System in das Zentrum des ausgeprägten außertropischen Tiefs hineingezogen, ohne dass sich beim Verschmelzen der Systeme die Lage des Druckminimums des außertropischen Tiefs nennenswert ändert. Für beide Szenarien wurde die geeignete Anfangsposition des Wirbelsturms experimentell bestimmt.

Die baroklinen Wellen werden durch die Überlagerung von Störungen auf den geraden Strahlstrom, der in Abschnitt 4.4.1 beschrieben und im Experiment RE verwendet wurde, angeregt. Die genaue Spezifikation der anfänglichen Störungen finden sich im Anhang D.2.

Der Einfluss des ET–Systems auf das Wellenmuster in der oberen Troposphäre sowie auf die Entwicklung der Bodendrucksysteme wird durch den Vergleich des Modellaufs ohne Wirbelsturm (im folgenden LC–Lauf genannt) mit dem Lauf mit eingesetztem Sturm (ET–Lauf) zu ausgewählten Zeitpunkten untersucht. Zudem wird für bestimmte Experimente auch die Änderung des meridionalen Feuchtetransports betrachtet.

Die Veränderungen in der Höhenströmung werden mit Hilfe von Hovmöller-Diagrammen quantifiziert. Die Hovmöller–Diagramme erlauben eine zeitlich kontinuierliche Betrachtung der Entwicklung, allerdings nur im meridionalen Mittel über einen vorgegebenen Bereich.

Die numerischen Experimente zur Wechselwirkung des tropischen Wirbelsturms mit einer baroklinen Wellen besitzen explorativen Charakter. Der Fokus der Arbeit liegt in der Erstellung geeigneter Szenarien und der Durchführung von Sensitivitätsexperimenten.

Vorangegangene Arbeiten (Klein et al., 2002, Ritchie und Elsberry, 2007) haben eine hohe Sensitivität der Entwicklung des ET–Systems bezüglich der relativen Position des tropischen Wirbelsturms und dem Strömungsmuster der mittleren Breiten dokumentiert. Die idealisierten numerischen Experimenten von Ritchie und Elsberry (2007) haben gezeigt, dass ein Unterschied in der anfänglichen meridionalen Position des Wirbelsturms von $\sim 600\,\mathrm{km}$ relativ zu einem Höhentrog in den mittleren Breiten den Unterschied zwischen einem sich kontinuierlich abschwä-

chenden und einem sich stark reintensivierenden ET–System bewirken kann. In der vorliegenden Arbeit werden ebenfalls Sensitivitätsstudien bezüglich der anfänglichen Position des Wirbelsturms durchgeführt. Der Schwerpunkt der Untersuchung liegt hier jedoch auf der Sensitivität der Entwicklung stromabwärts des ET–Systems.
Darüber hinaus wird die Sensitivität der Entwicklung bezüglich der Intensität des Wirbelsturms betrachtet. Wie man in Kapitel 6 gesehen hat, beeinflusst die Stärke des Wirbelsturms auch den zeitlichen Ablauf der Wechselwirkung. Dies kompliziert den Vergleich der einzelnen Experimente. Auf die Schwierigkeiten in der Interpretation der Versuche wird in den entsprechenden Abschnitten genauer eingegangen. Dem Autor sind aus der Literatur keine Arbeiten bekannt, die die Sensitivität einzelner ET–Systeme oder der Entwicklung im Bereich stromabwärts bezüglich der Intensität des Wirbelsturms in der tropischen Phase untersucht haben.

7.1 Junge barokline Entwicklung

In diesem Szenario findet die Wechselwirkung des tropischen Wirbelsturms mit der Strömung der mittleren Breiten im Anfangsstadium einer baroklinen Entwicklung statt, die durch ein Rücken–Trog–Rücken–Muster in der Höhenströmung angeregt wird. Zu Beginn der ET sind die Bodendrucksysteme in den mittleren Breiten noch sehr schwach entwickelt. Im Referenzexperiment wird der Wirbelsturm zu Beginn des Experiments trogvorderseitig und 1320 km südlich der Jetachse eingesetzt. Das Experiment ist dabei so konzipiert, dass die Wechselwirkung mit der baroklinen Welle möglichst früh stattfindet und wird im folgenden als TRM_{ref} bezeichnet. Die Sensitivität der Entwicklung bezüglich der Anfangsposition des Wirbelsturms wird in zwei weiteren Experimenten (TRM_{S1} und TRM_{S2}) untersucht, in denen die Anfangsposition sukzessive um 360 km nach Süden verlagert wird. In den Sensitivitätsexperimenten bezüglich der Intensität des Wirbelsturms wird diese zum einen durch eine Verringerung der SST (TRM_{SST26}) und zum anderen durch

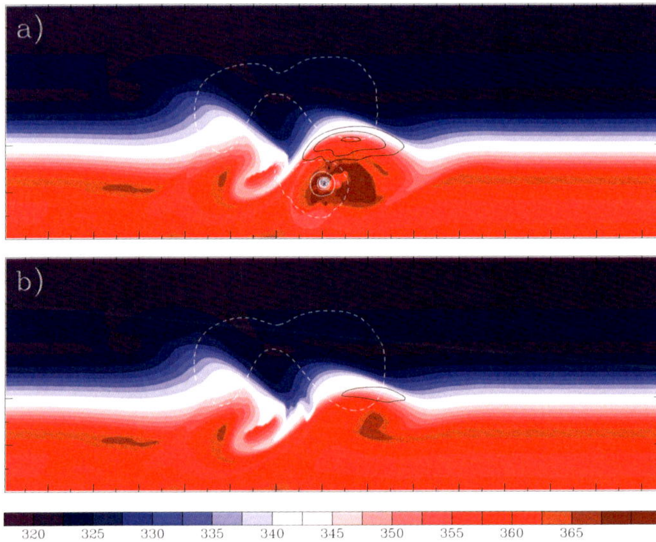

Abbildung 7.1: Wie Abb. 6.1, jedoch für das Experiment TRM_{ref} nach 36 h. Der ET–Lauf ist in (a), der LC–Lauf in (b) dargestellt.

unterschiedliche Radien der anfänglichen Störung beim Hochfahren des Wirbelsturms variiert (TRM_{rmax50} und $TRM_{rmax160}$). In einem weiteren Experiment wird unter den ansonsten gleichen Bedingungen die Wechselwirkung eines durch das ET–System verstärkten Rossby–Wellenzugs mit einem Tiefdruckgebiet untersucht, das sich anfangs zwei Wellenlängen stromabwärts des ET–Systems unabhängig entwickelt (TRM_{dsTief}). Im Anhang sind in Tab. A.2 sind die verschiedenen Experimente für dieses Szenario zusammengefasst.

7.1.1 Referenzexperiment

Im Referenzexperiment TRM_{ref} besitzt der tropische Wirbelsturm nach 36 h einen Kerndruck von 932 hPa[1] und bewegt sich unter dem Einfluss der Südweströmung vorderseitig des scharfen Höhentrogs in Richtung der mittleren Breiten. Die in der Höhe ausströmende Luft fließt größ-

1 Der Intensitätsverlauf des Wirbelsturms wird in Abb. 7.11 gezeigt.

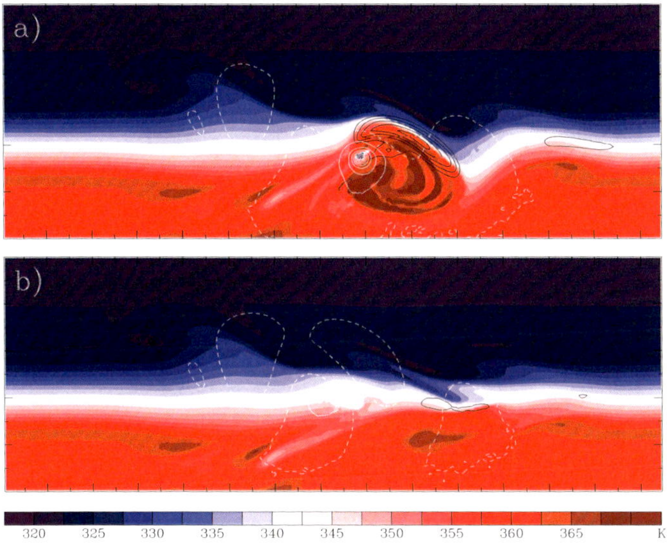

Abbildung 7.2: Wie Abb. 7.1, jedoch nach 72 h.

tenteils in den Rücken stromabwärts ein. Um den Scheitelpunkt des Rückens verstärkt sich dabei der Jet Streak. Davon abgesehen ist die Höhenströmung in den mittleren Breiten unbeeinflusst. Sowohl im ET– als auch im LC–Lauf beginnt sich stromabwärts ein weiterer Trog zu bilden (Abb. 7.1).

Im Bereich der Anfangsstörung erkennt man im LC–Lauf nach 72 h die Entwicklung eines Bodentiefs, das von zwei Hochdruckgebieten flankiert wird (Abb. 7.2(b)). Der anfängliche Höhentrog wurde in der Entwicklung der letzten 36 h stark geschert und weitgehend zonalisiert. Der Trog stromabwärts hat sich dagegen etwas verstärkt und regt die Entwicklung eines weiteren Bodentiefs an. Im ET–Lauf ist der tropische Wirbelsturm nun in eine starke südwestliche Höhenströmung eingebunden, woraus man schließen kann, dass er die Transformationsphase von ET beginnt (Abb. 7.2(a)). Sein Kerndruck ist um 10 hPa auf 942 hPa gestiegen. Die Outflow-Anomalie ist an den hohen θ–Werten östlich des Sturms gut zu erkennen. Ähnlich wie in Experiment RE (Abb. 6.1(b)) findet sich

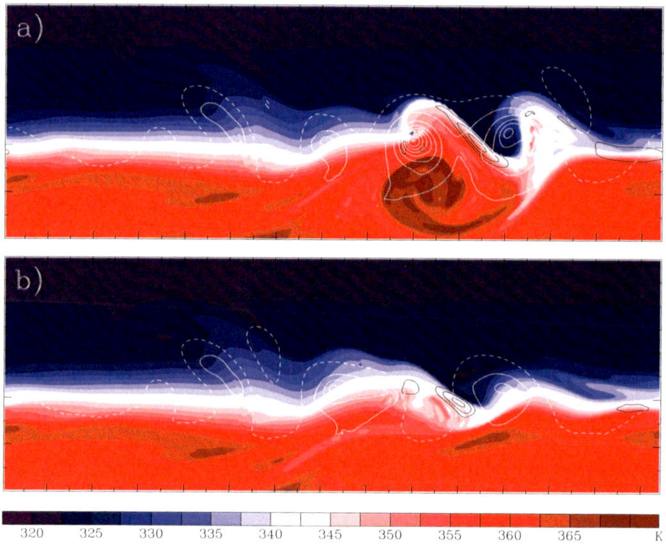

Abbildung 7.3: Wie Abb. 7.1, jedoch nach 108 h. Das ET–System ist in (a) das zweite Tiefdruckgebiet von Osten.

direkt stromabwärts des tropischen Wirbelsturms ein Rücken sowie ein ausgeprägter Jet Streak und die Trogbildung stromabwärts wird unterstützt. Die Bildung des Bodentiefs stromaufwärts wird durch den sich umwandelnden Wirbelsturm behindert und die Entwicklung des östlichen Hochdruckgebietes unterdrückt. Stromabwärts findet der Druckabfall am Boden im selben Bereich wie im LC–Lauf statt.

Nach 108 h hat sich nordöstlich des ET–Systems ein scharfer Rücken gebildet und nordwestlich befindet sich ein kurzwelliger Trog, von dem aus niedrige θ–Werte beginnen, sich um das ET–System zu wickeln (Abb. 7.3(a)). Die hohen θ–Werte in Zusammenhang mit dem Outflow haben sich vom Zentrum des Sturms abgekoppelt. Das ET–System befindet sich nun unter starker vertikaler Scherung und die hochreichende Konvektion nahe des Zentrums hat sich deutlich abgeschwächt (nicht gezeigt). Das ET–System ist mit einem Kerndruck von 954 hPa noch immer sehr intensiv. Der Jet Streak hat sich im Vergleich zum vorheri-

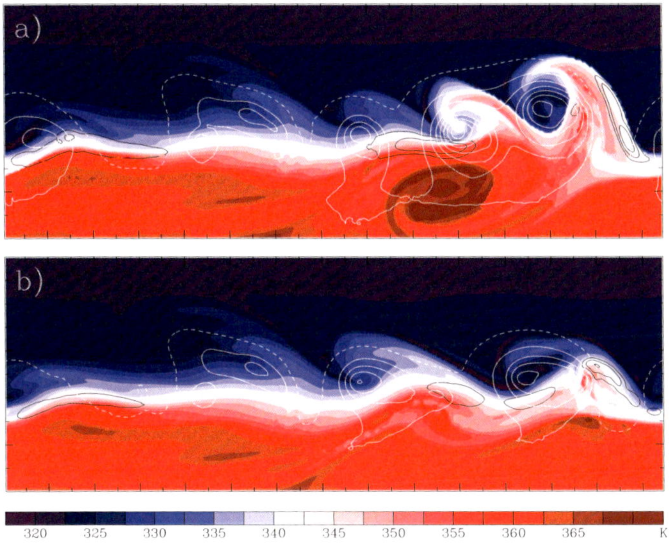

Abbildung 7.4: Wie Abb. 7.1, jedoch nach 144 h. Das ET–System ist in (a) das zweite Tiefdruckgebiet von Osten.

gen Zeitpunkt deutlich abgeschwächt. Der Trog stromabwärts des ET–Systems ist deutlich stärker ausgeprägt als im LC–Lauf und beginnt sich zyklonal aufzurollen (Abb. 7.3). In beiden Läufen ist mit der Trogentwicklung auch die Bildung eines Bodentiefs verbunden, das unter dem Einfluss des ET–Systems jedoch 15 hPa tiefer ist. Die Bodentiefs befinden sich in beiden Läufen an der selben Position. Im ET–Lauf hat sich im weiteren Bereich stromabwärts bereits ein ausgeprägter Rücken und ein schwacher Trog gebildet und am Boden findet man ein abgeschlossenes Hochdruckgebiet. Das Tief stromaufwärts des ET–Systems ist weiterhin schwächer und befindet sich etwas weiter im Westen als im LC–Lauf.

Nach 144 h wickelt das ET–System nun deutlich niedrige θ–Werte um sein Zentrum herum (Abb. 7.4(a)). Das Bodendruckfeld hat sich in den letzten 36 h verbreitert, das Druckminimum liegt allerdings immer noch bei 954 hPa. Das Bodentief sowie der Trog stromabwärts des ET–

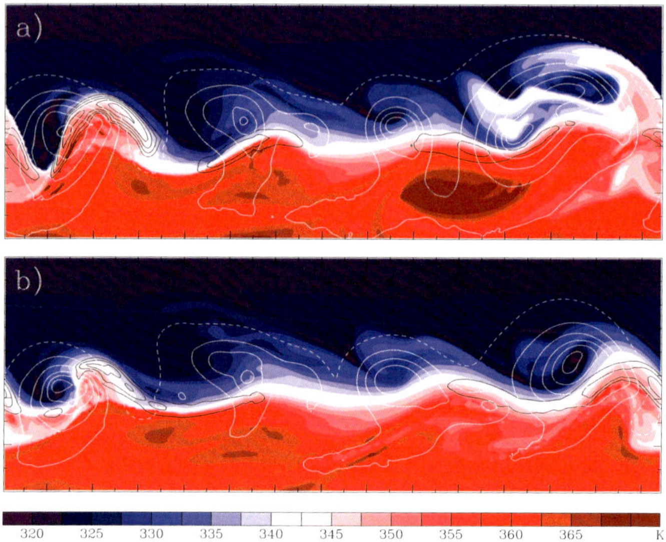

Abbildung 7.5: Wie Abb. 7.1, jedoch nach 180 h. Das ET–System bildet dabei in (a) das Druckminimum innerhalb des ausgedehnten Tiefdruckgebiets im Osten des Gebiets.

Systems sind im Vergleich zum LC–Lauf weiterhin stärker ausgeprägt und befinden sich zu diesem Zeitpunkt weiter östlich. Der Trog ist dabei annähernd 90° phasenverschoben (Abb. 7.4). Auch im LC–Lauf hat sich zu diesem Zeitpunkt das Bodentief weiter verstärkt (Abb. 7.4(b)). Der damit verbundene Trog zeigt jedoch nur geringe Anzeichen eines zyklonalen Aufrollens und die Höhenströmung ist deutlich zonaler ausgerichtet als im ET–Lauf. In beiden Fällen setzt sich die Entwicklung stromabwärts fort. Im ET–Lauf hat die Höhenströmung an der Ostflanke des zweiten Rückens eine deutlich stärkere nördliche Komponente und stromabwärts des angrenzenden Trogs hat sich im Gegensatz zum LC–Lauf bereits ein neues Bodentief gebildet. Der neugebildete Trog befindet sich in beiden Läufen wieder in Phase.

Nach 180 h hat sich das ET–System auf 960 hPa abgeschwächt und beginnt mit dem Tiefdruckgebiet stromabwärts zu verschmelzen (Abb. 7.5(a)). Die Tropopausenstruktur in Zusammenhang mit diesen

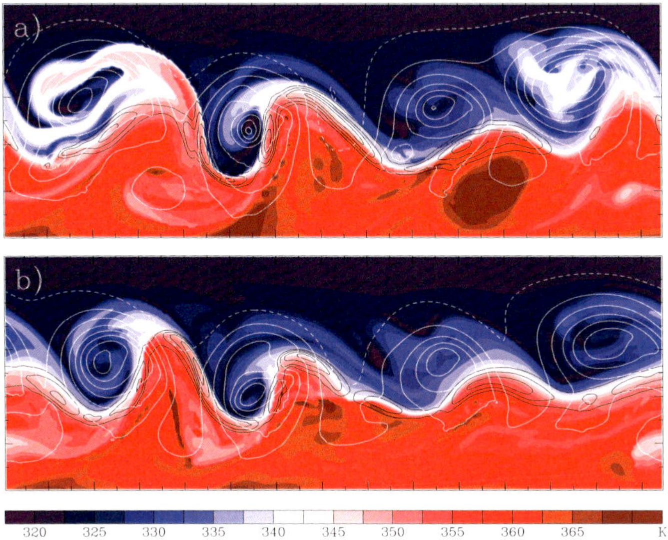

Abbildung 7.6: Wie Abb. 7.1, jedoch nach 240 h. Das mit dem Primärtief verschmolzene ET–System ist das östlichste der Tiefdruckgebiete in (a).

beiden Systemen ist weit komplexer als im LC–Lauf (Abb. 7.5(b)). Der zweite Trog stromabwärts des ET–Systems hat sich stark verschmälert und erstreckt sich weit nach Süden (Abb. 7.5(a)). Das damit verbundene Bodentief hat sich um weitere 15 hPa verstärkt. Das vergleichbare Bodentief im LC–Lauf hat sich innerhalb der letzten 36 h sehr stark um 30 hPa vertieft und besitzt zu diesem Zeitpunkt die gleiche Intensität wie das Tief im ET–Lauf. Der damit verbundene Höhentrog hat bereits begonnen sich zyklonal aufzurollen (Abb. 7.5(b)). Das stromabwärts angrenzende Rücken–Trog–Paar ist im ET–Lauf wiederum stärker ausgeprägt.

Am Ende des Experiments ist das ET–System mit dem Tief stromabwärts verschmolzen und hat sich geringfügig auf 957 hPa reintensiviert (Abb. 7.6(a)). Stromabwärts dieses System hat sich dabei ein ausgeprägter Rücken gebildet, der relativ zur Wellenstruktur im LC–Lauf etwa eine Viertel Wellenlänge nach Westen verschoben ist. Dies wirkt sich auch auf den Trog stromabwärts davon aus, der sich nun ebenfalls westlich seines Pendants im LC–Lauf befindet. Im LC–Lauf sieht man zu diesem Zeitpunkt einen eindrucksvollen kohärenten Wirbel, wohingegen im ET–Lauf die Höhenströmung schon wieder stärker zonal ausgerichtet ist. Die bereits einsetzende Zonalisierung lässt darauf schließen, dass das Tiefdruckgebiet im ET–Lauf seinen Lebenszyklus schneller durchläuft als im LC–Lauf. Das nächste Tief stromabwärts wechselwirkt, ebenso wie sein Gegenstück im LC–Lauf, mit der Entwicklung stromaufwärts der anfänglichen Störung. In beiden Läufen hat sich hier ein weiteres starkes Bodentief gebildet und der Höhentrog rollt sich zyklonal auf. Im ET–Lauf ist das Zentrum des Tiefs sehr kompakt und 10 hPa tiefer und die Höhenströmung in Zusammenhang mit dem Trog und dem angrenzenden Rücken stromabwärts weist eine stärkere meridionale Komponente auf.

Interpretation der Entwicklung anhand von Hovmöller–Diagrammen

Die Ausrichtung der Höhenströmung ist eng an das Auftreten von Höhentrögen und –rücken gebunden. Insbesondere ist mit einem Trog ein Dipol aus Nord– und Südwinden verbunden und im Allgemeinen findet man bei stärker ausgeprägten Trögen auch eine stärkere meridionale Ausrichtung der Höhenströmung. In Abb. 7.7 wird dieser Zusammenhang schematisch illustriert. Wie auch schon in Abschnitt 6.1 diskutiert, lässt sich die Ausbreitung der Vorderflanke eines Rossby–Wellenzugs entlang der Linie der Gruppengeschwindigkeit erkennen. Die nachfolgende Entwicklung der baroklinen Systeme kann man entlang der Phasenlinien verfolgen (Abb. 7.7). Die Zunahme der meridionalen Komponente der Höhenströmung ist in der Regel mit der Intensivierung des Bodensystems verbunden, eine nachfolgende Abnahme der Meridionalkomponente mit dem Reifestadium und dem Auffüllen des Bodentiefs[1].

---

1 Zur Vereinfachung der Darstellung wird in diesem Bild der weitere Im– und Export von Rossby–Wellenenergie während der baroklinen Entwicklung vernachlässigt. Dies erscheint legitim, da im konzeptionellen Bild der *baroklinen Entwicklung stromabwärts* (Orlanski und Sheldon, 1995) der Import während der Intensivierung und der Export in der Reifephase der baroklinen Systeme stattfindet.

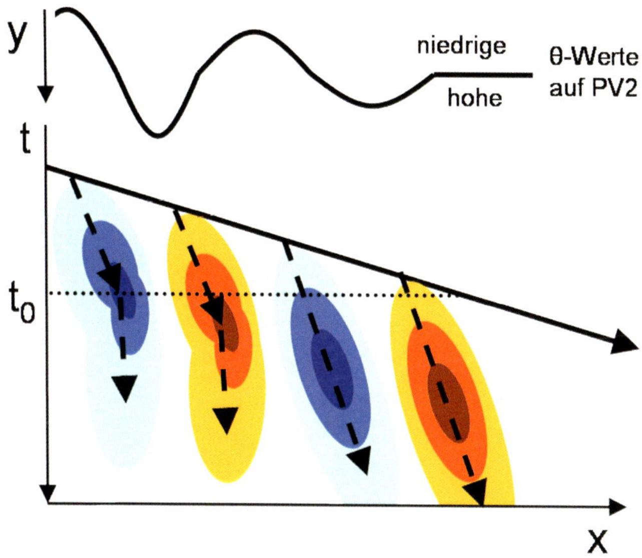

Abbildung 7.7: Schematische Darstellung eines Rossbywellenzugs im Hovmöller–Diagramm der Höhenströmung. Warme Farben zeigen eine Südströmung, kalte Farben eine Nordströmung. Kräftigere Färbung gibt dabei höhere Windgeschwindigkeiten wieder. Die Zeitachse verläuft von oben nach unten. Der durchgezogene Pfeil zeigt die Ausbreitung des Wellenzugs mit der Gruppengeschwindigkeit an, die gestrichelten Pfeile deuten entlang der Phasenlinien. Im oberen Teil der Abbildung ist für den Zeitpunkt t_0 der Zusammenhang mit der Struktur der dynamischen Tropopause gegeben. Nach $t = t_0$ ist im Hovmöller–Diagramm die Signatur einer Phasenverschiebung zwischen dem ersten und zweiten Trog abgebildet.

Das Hovmöller–Diagramm des LC–Laufs (Abb. 7.8(a)) zeigt, dass sich das mit der anfänglichen Störung verbundene Wellenmuster bei seiner Ausbreitung schnell abschwächt (Tag 1-3). Erst ab Tag 4, wenn sich mit der Höhenstörung auch eine deutliche Entwicklung am Boden einstellt (vgl. Abb. 7.3(b)), breitet sich stromabwärts ein kohärenter Wellenzug aus.

Ein ähnliches Bild zeichnet sich auch im Hovmöller–Diagramm des ET–Laufs ab (Abb. 7.8(b)). Zwischen Tag 1 und Tag 4 ist die Wechselwirkung des tropischen Wirbelsturms genau in Phase mit der Entwicklung der mittleren Breiten und führt zu einer deutlichen Verstär-

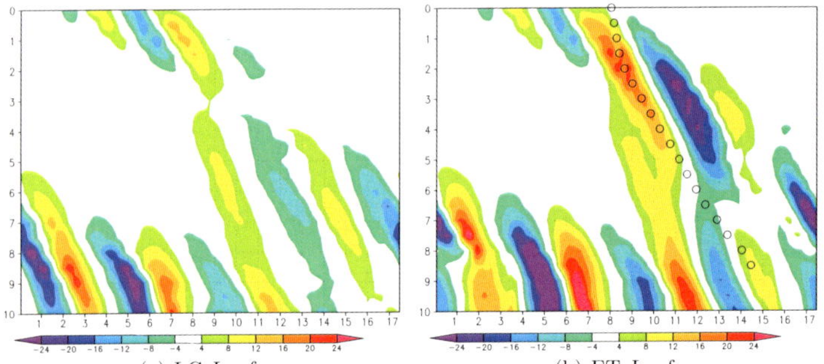

Abbildung 7.8: Wie Abb. 6.4, jedoch für (a) den LC–Lauf und (b) den ET–Lauf des Szenarios TRM.

kung des Wellenmusters in der Höhe. Den Trog stromabwärts des ET–Systems erkennt man zwischen Tag 2 und Tag 5 an der ausgeprägten Nord– und der schwächeren Südkomponente der Höhenströmung zwischen 11-14 $\times$ 10^3 km. Jedoch setzt sich auch dieser verstärkte Wellenzug nicht stromabwärts fort. Offensichtlich ist ohne die barokline Kopplung die Ausbreitung eines ausgeprägten Rossby–Wellenzuges am PV-Gradienten des hier verwendeten Jetprofils nicht möglich. Von Tag 5 bis Tag 7 wird die Höhenströmung in Zusammenhang mit dem Trog stromabwärts des ET–Systems (13-16 $\times$ 10^3 km) wieder zunehmend zonaler. Diese Zonalisierung zeigt das Reifestadium und das Auffüllen des Tiefdruckgebiets und dokumentiert damit das schnellere Durchlaufen des baroklinen Lebenszyklus im Vergleich zum LC–Lauf. Die Nord– und Südkomponente der Höhenströmung, die mit dem zweiten Trog stromabwärts des ET–Systems verbunden ist, ist zur gleichen Zeit stärker ausgeprägt als im LC–Lauf (16-2 $\times$ 10^3 km). Bereits ab Tag 8 kommt es wieder zu einer Abnahme der meridionalen Komponente, woraus man auch hier darauf schließen kann, dass der Lebenszyklus des damit verbundenen Bodentiefs im Vergleich zum LC–Lauf beschleunigt durchlaufen wird. An dem Abknicken der Phasenlinien erkennt man zudem die Verschiebung um 90° relativ zum LC–Lauf und im Bereich des dritten Trogs (4-7 $\times$ 10^3 km) sieht man wiederrum eine deutliche Verstärkung

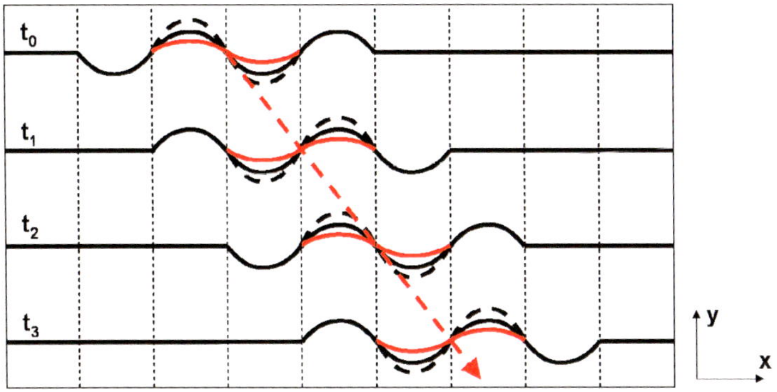

Abbildung 7.9: Schema zur linearen Ausbreitung eines Wellenzugs zu 4 verschiedenen Zeitpunkten ($t_0 < t_3$). Der Wellenzug erfährt eine lokale Verstärkung seiner Amplitude (gestrichelte Linie). Die Ausbreitung dieses modifizierten Wellenzugs kann durch die lineare Überlagerung der Ausbreitung des ursprünglichen Wellenzugs (durchgezogene Linie) und der Störung (rote Linie) betrachtet werden. Dabei breitet sich die Störung als eigenständiges Wellenpaket mit derselben Gruppengeschwindigkeit wie der ursprüngliche Wellenzug aus.

der meridionalen Ausrichtung der Höhenströmung.
Betrachtet man die Unterschiede zwischen dem LC– und ET–Lauf im Hovmöller–Diagramm so erhält man eine kompakte Darstellung des Einflusses des ET–Systems auf die Höhenströmung der baroklinen Entwicklung. Zur Interpretation dieser Darstellung betrachte man zunächst die lokale Verstärkung eines linearen, barotropen Wellenzugs (Abb. 7.9). In diesem Fall kann man die zeitliche Entwicklung der lokalen Verstärkung als eigenständigen Wellenzug betrachten, der sich mit der gleichen Gruppengeschwindigkeit wie die überlagerte Welle ausbreitet. Dementsprechend stellt sich die lokale Verstärkung in diesem Fall in einem Hovmöller–Diagramm der Unterschiede zwischen dem verstärkten und ungestörten Wellenzug ebenfalls als Rossby–Wellenzug dar. In einer komplexeren Atmosphäre ist damit zu rechnen, dass die Modifikation der Höhenströmung die darunter liegenden Wettersysteme beeinflusst, wodurch sich die anfänglichen Unterschiede in der Höhenströmung durch barokline Rückkopplung und Veränderung der diabatischen Prozesse mit der Zeit weiter entwickeln können. Diese Entwicklung ist im Hovmöller–

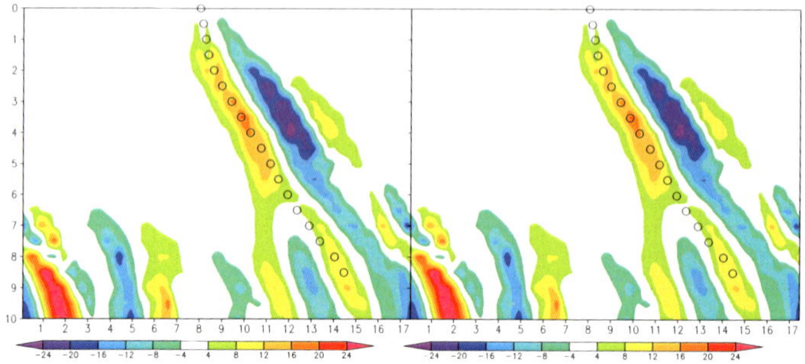

Abbildung 7.10: Wie Abb. 6.4, jedoch für die Unterschiede zwischen dem ET–Lauf und dem LC–Lauf des Experiments TRM$_{ref}$. Zur besseren Illustration der wellenartigen Ausbreitung der Unterschiede wird das sich periodisch wiederholende Hovmöller–Diagramm zweimal nebeneinander gezeigt.

Diagramm entlang der Phasenlinien zu beobachten (vgl. Abb. 7.7).
Ein deutliches Signal im Hovmöller–Diagramm der Unterschiede zwischen dem ET– und dem LC–Lauf ist die anfängliche Verstärkung der meridionalen Auslenkung der Höhenströmung (Abb. 7.10, Tag 2-5). Diese breitet sich jedoch offensichtlich nicht in Form eines Rossby–Wellenzugs in den Bereich stromabwärts aus. Bei Tag 6 ist im Bereich des zweiten Trogs stromabwärts des ET–Systems (17×10^3 km) eine stärkere Nordströmung und 12 h später auch eine stärkere Südströmung zu erkennen. Ein ähnliches Signal findet man bei Tag 7 auch beim dritten Trog (4-6 $\times 10^3$ km) und bei Tag 8 beim vierten Trog (9-11 $\times 10^3$ km). Da die sich entwickelnden Tröge im ET– und LC–Lauf zu den entsprechenden Zeiten jeweils in Phase sind, zeigt dieses Signal die Verstärkung der Vorderflanke des Rossby–Wellenzugs an. Diese Verstärkung breitet sich näherungsweise mit der Gruppengeschwindigkeit der Wellenzüge im LC– und ET–Lauf fort und hat ihren Ursprung in der stärkeren Ausprägung des zweiten Trogs. Stromabwärts des vierten Trogs ist die Höhenströmung nach Tag 8 stark durch die langlebige Outflow–Schicht beeinflusst, so dass eine weitere Verfolgung des Wellenzugs nicht möglich ist.
Entlang der Phasenlinie zeigt sich beim zweiten Trog stromabwärts des ET–Systems (1-2 $\times 10^3$ km) ab Tag 8 das starke Signal der Phasenver-

schiebung. Im Bereich des dritten und vierten Trogs bleibt das Signal der verstärkten meridionalen Auslenkung bis zum Ende des Experiments bestehen.

In diesem Experiment tritt stromabwärts des ET–Systems im Vergleich zum LC–Lauf eine konsistente Verstärkung der meridionalen Ausrichtung der Höhenströmung auf. Unter dem Einfluss des ausgeprägteren Höhentrogs und dem Jet Streak direkt stromabwärts des ET–Systems durchläuft das Primärtief eine stärkere und schnellere Entwicklung. Ausgehend von diesem System tritt die verstärkte meridionale Auslenkung in der Höhe als Rossby–Wellenzug in Erscheinung, der sich näherungsweise mit der selben Gruppengeschwindigkeit ausbreitet, wie in RE beobachtet (Abb. 6.4). Demnach führt die schnellere, stärkere Entwicklung des Primärsystems zu einer Verstärkung der Vorderflanke des Rossby–Wellenzugs, der stromabwärts die Entwicklung weiterer Bodentiefs auslöst. Unter dem Einfluss der stärker ausgelenkten Höhenströmung im ET–Lauf durchlaufen sowohl das erste als auch das zweite Tief stromabwärts des ET–Systems einen schnelleren Lebenslauf. Durch das Verschmelzen des ET–Systems mit dem Tief stromabwärts kommt es hier zudem zu einer deutlichen Phasenverschiebung in der Höhenströmung. Später tritt eine Verschiebung des Strömungsmuster auch in Zusammenhang mit dem zweiten Tief auf. In diesem Bereich befinden sich in der Endphase des Experiments die größten Unterschiede in der Höhenströmung zwischen den Läufen (Abb. 7.10, 1-2 $\times 10^3$ km).

7.1.2 Sensitivität bezüglich der Intensität des tropischen Wirbelsturms

Experiment mit geringerer SST

Wiederholt man TRM$_{ref}$ mit einer 2 K geringeren SST, so entwickelt sich der tropische Wirbelsturm erwartungsgemäß (PI-Theorie, Emanuel (1988)) weniger intensiv (Abb. 7.11). Dieses Experiment wird im folgenden als TRM$_{SST26}$ bezeichnet und dient dazu, den Einfluss eines schwächeren Wirbelsturms auf die barokline Entwicklung zu untersuchen. Es

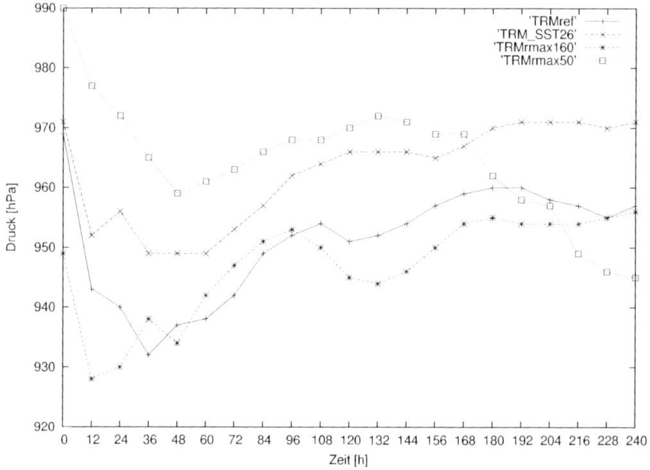

Abbildung 7.11: Unterschiedlicher Verlauf des Druckminimums der Wirbelstürme mit der Zeit in den Sensitivitätsexperimenten bezüglich der Intensität für das Szenario TRM. Siehe Abbildung zur Beschriftung der einzelnen Kurven.

stellt sich jedoch heraus, dass der Vergleich mit dem Experiment mit höherer SST schwierig ist. In diesem Abschnitt wird das Experiment TRM_{SST26} beschrieben und die Probleme der Vergleichbarkeit diskutiert.

Die Entwicklung des LC–Laufs in TRM_{SST26} ist sehr ähnlich wie in TRM_{ref}. Im Allgemeinen sind die Bodentiefs jedoch schwächer und die Hochdruckgebiete etwas stärker ausgeprägt (nicht gezeigt). Die meridionale Auslenkung der Höhenströmung im Bereich des zweiten und dritten Trogs ist weniger stark (Abb. 7.12(a) und 7.8(a), 1-7 $\times$ 10^3 km, Tag 7-10). Die baroklinen Lebensläufe des ersten und zweiten Systems stromabwärts der anfänglichen Störung verlaufen im LC–Lauf in TRM_{ref} schneller, wie an der einsetzenden Zonalisierung bei Tag 7 (13-15 $\times$ 10^3 km) und Tag 9 (1-3 $\times$ 10^3 km) in Abb. 7.8 zu erkennen ist.

Auch in TRM_{SST26} findet die anfängliche Verstärkung der Höhenströmung durch das ET–System in Phase mit der Entwicklung im LC–Lauf statt (Abb. 7.12(b). Die baroklinen Lebenszyklen stromabwärts des ET–Systems laufen im Vergleich zum LC–Lauf ebenfalls schneller ab und

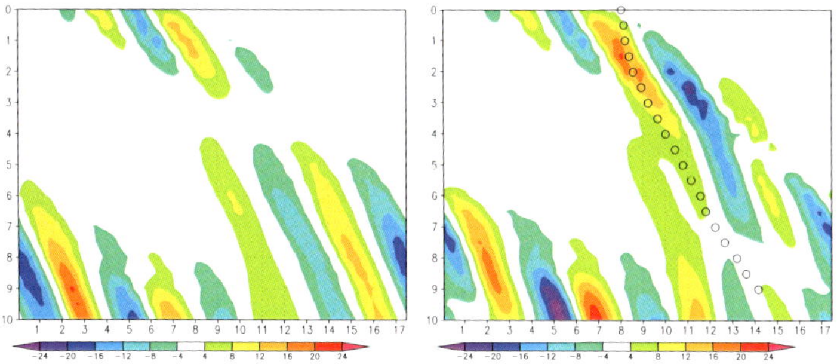

(a) LC–Lauf (b) ET–Lauf

Abbildung 7.12: Hovmöller–Diagramm des (a) LC– und (b) ET–Laufs für das Experiment TRM_{SST26} (wie Abb. 7.8).

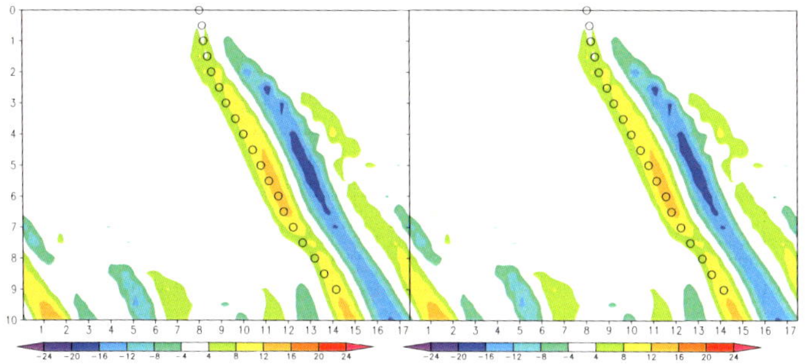

Abbildung 7.13: Hovmöller–Diagramm der Unterschiede zwischen dem ET– und dem LC Lauf des Experiments TRM_{SST26} (wie Abb. 7.10).

auch die meridionale Auslenkung der Höhenströmung wird verstärkt. Es kommt dabei jedoch nicht zu der ausgeprägten Phasenverschiebung des zweiten Trogs stromabwärts des ET–Systems, wie sie in TRM_{ref} auftritt.

Vergleicht man die Hovmöller–Diagramme der Unterschiede des ET– und LC–Laufs in TRM_{SST26} mit denen in TRM_{ref}, so sieht man, dass die anfängliche Verstärkung der Höhenströmung in TRM_{SST26} (Abb. 7.13, Tag 2-4, vgl. 7.10) deutlich geringer ist. Dieser schwächere Einfluss lässt sich allein der geringeren Intensität des Wirbelsturms in TRM_{SST26} zuschreiben, da es zu diesem Zeitpunkt noch keine Unterschiede in der Hö-

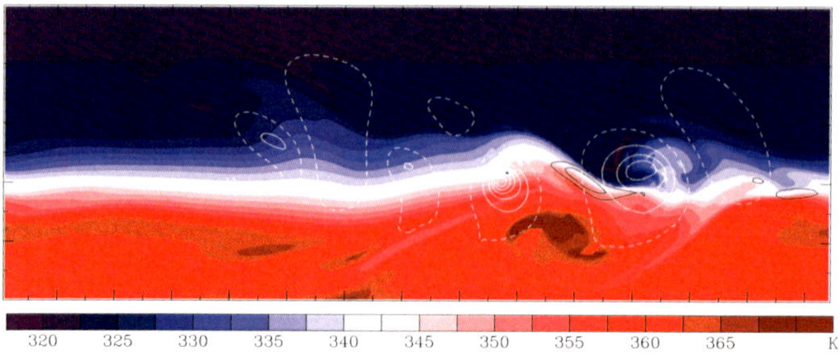

Abbildung 7.14: Wie Abb. 7.3(a), jedoch für Experiment TRM_{SST26} bei 108 h. Das ET–System ist das zweite Tiefdruckgebiet von Osten.

henströmung zwischen den LC–Läufen in TRM_{SST26} und TRM_{ref} gibt und die Wirbelstürme in den beiden ET–Läufen annähernd identische Zugbahnen haben. Aus den Ergebnissen der PV–Inversion in Abschnitt 6.3 lässt sich schließen, dass insbesondere der weniger stark ausgeprägte Outflow des Wirbelsturms (nicht gezeigt) in TRM_{SST26} für die Unterschiede verantwortlich ist.

Auch stromabwärts des ET–Systems ist im weiteren Verlauf die meridionale Auslenkung der Höhenströmung in TRM_{SST26} schwächer als in TRM_{ref}. Da aber auch in den LC–Läufen in diesem Bereich eine verschieden starke Auslenkung der Höhenströmung auftritt, ist eine Quantifizierung des Einflusses des schwächeren Wirbelsturms nicht ohne weiteres möglich. Auf die Problematik der Vergleichbarkeit wird im folgenden genauer eingegangen.

Bis 72 h sind die Entwicklungen in TRM_{SST26} und TRM_{ref} sehr ähnlich. Der Wirbelsturm in TRM_{SST26} ist dabei zwischen 10 und 18 hPa schwächer (Abb. 7.11), die Zugbahnen der Stürme sind jedoch fast gleich (nicht gezeigt). Die Outflow-Anomalie ist bei TRM_{SST26} weniger stark ausgeprägt und die Verstärkung des Strahlstroms ebenfalls geringer (nicht gezeigt). Nach 108 h sind in den Läufen deutliche Unterschiede aufgetreten. Das ET–System befindet sich in TRM_{SST26} nun 300 km westlicher mit einem 10 hPa höherem Kerndruck (964 hPa). Der Rücken nordöstlich des ET–Systems ist weniger stark ausgeprägt und ein Aufwickeln nied-

riger θ–Werte um das Sturmzentrum ist nicht zu erkennen (Abb. 7.14, vgl. 7.3(a)). Auch der Trog stromabwärts ist bei TRM_{SST26} schwächer ausgeprägt und das damit verbundene Bodentief entwickelt sich in einer zonaleren Höhenströmung. Das Tief selbst ist 10 hPa schwächer und der angrenzende Rücken deutlich geringer ausgeprägt.
In TRM_{ref} spielen zu diesem Zeitpunkt diabatische Effekte in der Entwicklung eine wichtige Rolle. Im Zusammenhang mit dem Tief stromabwärts des ET–Systems tritt bei 96 h starker Niederschlag auf (nicht gezeigt). Dies deutet auf ausgeprägtes Freiwerden latenter Wärme hin. Die damit verbundene diabatische Erzeugung von PV–Anomalien trägt sowohl zur Verstärkung des Bodentiefs als auch zur Rückenbildung bei[1]. In TRM_{SST26} ist der Niederschlag, der bei diesem Tief auftritt, deutlich geringer (nicht gezeigt). Demnach tragen stromabwärts des ET–Systems ab diesem Zeitpunkt auch diabatische Prozesse bedeutend zu den Unterschieden zwischen TRM_{ref} und TRM_{SST26} bei. Die Stärke dieser Prozesse wird, z.B. durch einen erhöhten Feuchtetransport bei stärkerer meridionaler Auslenkung der Strömung (vgl. Abschnitt 7.1.4), zwar auch durch die Intensität des ET–Systems beeinflusst. Dieser Einfluss lässt sich jedoch nicht ohne weiteres von der Veränderung der Feuchtprozesse, die durch die Änderung der SST verursacht wird, trennen.

Als Effekt des schwächeren Sturms lässt sich aus diesem Experiment eine weniger starke Bildung des Jet Streaks, eine schwächere Ausbildung des Rücken Trog–Paares stromabwärts sowie ein geringeres Aufrollen der Tropopause direkt stromaufwärts des ET–Systems identifizieren. Dieses Ergebnis ist konsistent mit den Experimenten in Kapitel 6 sowie der Diagnose mittels PV-Inversion. Die Auswirkungen auf die Ausbreitung des Wellenzuges stromabwärts lassen sich aus diesem Experiment jedoch nicht ableiten.

---

1 Neben dem diabatischen Aufbau des Rückens kann auch die Advektion durch die divergente Strömung (vgl. Abschnitt 6.3) und die stärkere Zirkulation des Bodentiefs zur Verstärkung des Rückens beitragen.

Experimente mit unterschiedlichen Anfangsradien

Variiert man den Radius der beim Hochfahren des Wirbelsturms verwendeten Anfangsstörung, so wirkt sich dies auch auf die Struktur des voll entwickelten Sturms aus. Mit zunehmendem Radius entwickeln sich intensivere Wirbelstürme mit stärkerem Ausströmen der Luft in der Höhe (vgl. Abschnitt 6.2.3). In TRM_{ref} beträgt der anfängliche Radius 120 km und in den beiden Sensitivitätsexperimenten TRM_{rmax50} und $TRM_{rmax160}$ 50 km bzw. 160 km. Der Verlauf des Kerndrucks ist in Abb. 7.11 dargestellt. In TRM_{rmax50} ist der Sturm 15-30 hPa schwächer als in TRM_{ref}. In $TRM_{rmax160}$ ist der Wirbelsturm in den ersten 24 h des Experiments deutlich stärker, zwischen 60 h und 96 h dann jedoch etwas schwächer als in TRM_{ref}. Dies ist darauf zurückzuführen, dass sich der stärkere Sturm schneller in die mittleren Breiten bewegt und damit früher unter den Einfluss vertikaler Scherung gerät. In der außertropischen Phase reintensiviert sich das ET–System in $TRM_{rmax160}$ stärker.

Bis 72 h ist die Entwicklung in TRM_{rmax50} und $TRM_{rmax160}$ ähnlich wie in TRM_{ref}. Die Tropopausenanomalie, die mit der ausströmenden Luft verbunden ist, nimmt dabei mit zunehmender Sturmgröße zu und die simultane Rücken–Trog–Bildung ist ebenfalls stärker ausgeprägt (nicht gezeigt). In $TRM_{rmax160}$ befindet sich der Wirbelsturm aufgrund der höheren Zuggeschwindigkeit 420 km nordöstlich der Position in TRM_{rmax50}.

Nach 108 h ist die Entwicklung in $TRM_{rmax160}$ weiterhin ähnlich zu TRM_{ref} (Abb. 7.15(a), vgl. 7.3(a)). Der Trog stromabwärts ist etwas schärfer ausgeprägt und am östlichen Rand der Outflow–Schicht erkennt man einen deutlicheren Streamer niedriger θ–Werte. Die Unterschiede zwischen TRM_{rmax50} und TRM_{ref} sind zu diesem Zeitpunkt hingegen sehr deutlich. Der Wirbelsturm befindet sich in TRM_{rmax50} südlich des Strahlstroms und die Strömung stromabwärts verläuft sogar zonaler als im LC–Lauf, das Bodentief hingegen ist stärker entwickelt (Abb. 7.15(b), vgl. 7.3(b)).

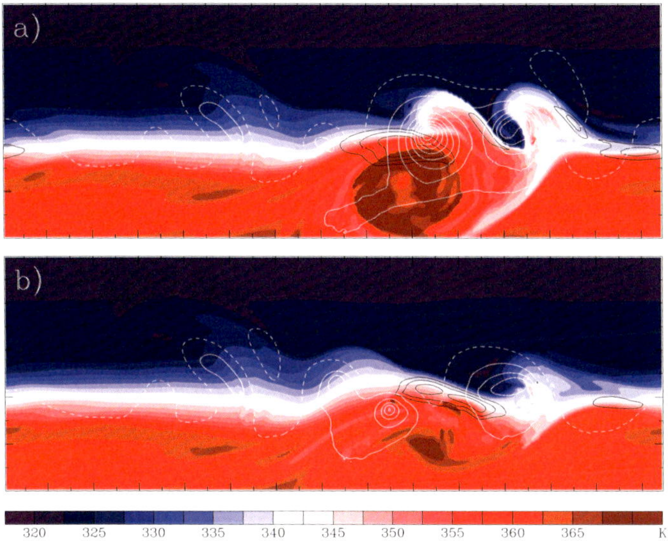

Abbildung 7.15: Wie Abb. 7.3, jedoch für die Experimente $TRM_{rmax160}$ (a) und TRM_{rmax50} (b) nach 108 h. Das ET–System ist sowohl in (a) als auch (b) das zweite Tiefdruckgebiet von Osten. Der ET–Lauf des Referenzexperiments TRM_{ref} ist zu diesem Zeitpunkt in Abb. 7.3(a) dargestellt.

Der Wirbelsturm wandert in $TRM_{rmax\,50}$ im weiteren Verlauf an der Südflanke des Strahlstroms nach Osten. Das Bodentief stromabwärts verstärkt sich weiter und der damit verbundene Trog rollt sich zyklonal auf. Weiter stromabwärts bildet sich ein ausgeprägter Rücken (144 h, Abb. 7.16(b)). Bei $TRM_{rmax160}$ ist die Situation zu diesem Zeitpunkt weiterhin ähnlich wie bei TRM_{ref}. Nur der Trog stromabwärts ist etwas nach Norden verschoben (Abb. 7.16(a)).

Nach 180 h ist in $TRM_{rmax\,160}$ das ET–System mit dem Tief stromabwärts verschmolzen. Entlang der Ostflanke des dabei entstandenen Trogs wird ein Teil der θ–Anomalie in Zusammenhang mit der ehemaligen Outflow–Schicht in den Rücken stromabwärts transportiert (Abb. 7.17(a)). In TRM_{rmax50} befindet sich der Wirbelsturm immer noch unter Einfluss der westlichen Höhenströmung südlich der Jetachse und hat sich wieder auf 962 hPa verstärkt. Die sehr hohen θ–Werte nahe des

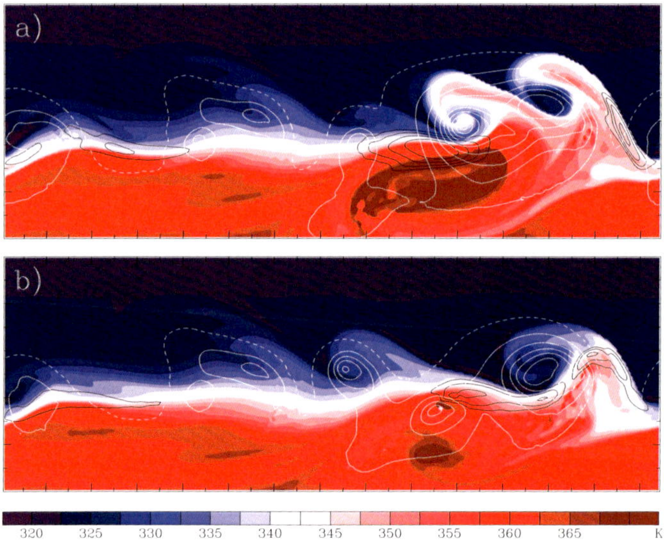

Abbildung 7.16: Wie Abb. 7.4, jedoch für die Experimente $\mathrm{TRM}_{rmax160}$ (a) und TRM_{rmax50} (b) nach 144 h. Das ET–System ist sowohl in (a) als auch (b) das zweite Tiefdruckgebiet von Osten. Der ET–Lauf des Referenzexperiments TRM_{ref} ist zu diesem Zeitpunkt in Abb. 7.4(a) dargestellt.

Sturmzentrums zeigen an, dass mit dem Sturm immer noch hochreichende Konvektion verbunden ist. Der Wirbelsturm befindet sich vorderseitig eines kurzwelligen Höhentrogs und ist deutlich von dem Tief stromabwärts getrennt (Abb. 7.17(b)).

Im Bereich des ET–Systems treten zu diesem Zeitpunkt sowohl in Bezug auf das Bodendruckfeld als auch auf die Höhenströmung beträchtliche Unterschiede zwischen den einzelnen Experimenten auf. Insbesondere kommt es zu einer Phasenverschiebung des Rückens stromabwärts. Im weiteren Bereich stromabwärts befindet sich der Trog in allen Läufen wieder in Phase. Sowohl in TRM_{rmax50} als auch in $\mathrm{TRM}_{rmax160}$ rollt er sich zu diesem Zeitpunkt auf, wohingegen er sich in TRM_{ref} sehr weit nach Süden erstreckt.

Am Ende des Experiments wird bei $\mathrm{TRM}_{rmax\,160}$ die θ–Anomalie der ehemaligen Outflowluft weiter stromabwärts advehiert und verstärkt den

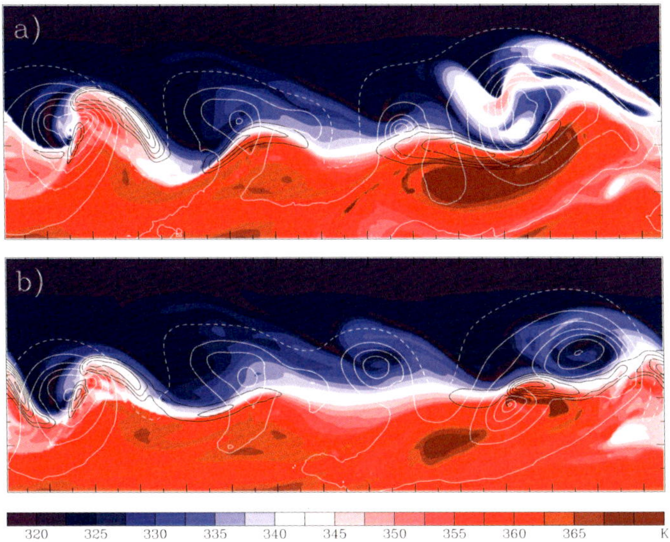

Abbildung 7.17: Wie Abb. 7.5, jedoch für die Experimente $TRM_{rmax160}$ (a) und TRM_{rmax50} (b) nach 180 h. Das ET–System in (a) ist mit dem Primärtief verschmolzen und bildet das östlichste Tiefdruckgebiet. In (b) ist das ET–System das zweite Tief von Osten. Der ET–Lauf des Referenzexperiments TRM_{ref} ist zu diesem Zeitpunkt in Abb. 7.5(a) dargestellt.

Rücken stromauf– sowie stromabwärts des ET–Systems (Abb. 7.18(a)). In diesem Bereich wird die meridionale Komponente der Höhenströmung durch die Langlebigkeit der ehemaligen Outflow–Anomalie wahrscheinlich überschätzt. An der Spitze des zweiten Trogs, der weit nach Süden reicht, hat sich ein kleinskaliges, intensives Tief entwickelt. Der nächste Trog stromabwärts zeigt im Gegensatz zu TRM_{ref} und TRM_{rmax50} noch keine Anzeichen des Aufrollens und die Höhenströmung ist in diesem Bereich stark meridional ausgelenkt. Bei TRM_{rmax50} hat sich das ET–System nun auch mit dem Tiefdruckgebiet stromabwärts verbunden und sich in den letzten 60 h zu einem sehr intensiven außertropischen Tief von 945 hPa reintensiviert (Abb. 7.18(b)). Stromabwärts dieses Systems ist die Höhenströmung jedoch geringfügig zonaler als in TRM_{ref}.

Die Hovmöller–Diagramme von TRM_{rmax50} und $TRM_{rmax160}$ (nicht ge-

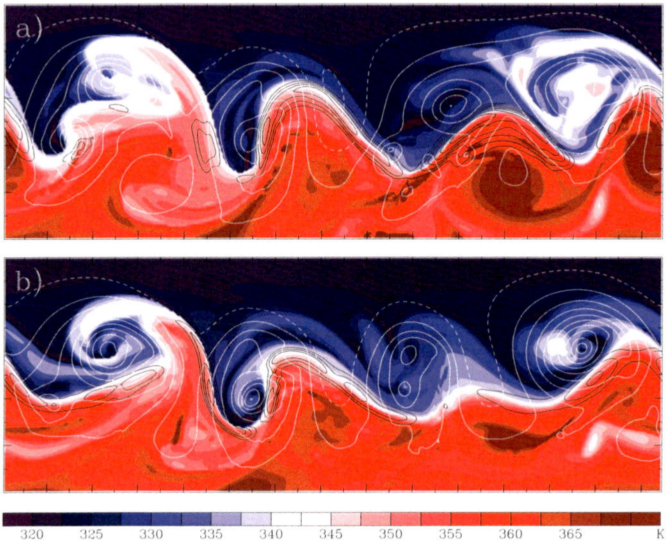

Abbildung 7.18: Wie Abb. 7.6, jedoch für die Experimente TRM$_{rmax160}$ (a) und TRM$_{rmax50}$ (b) nach 240 h. Sowohl in (a) als auch in (b) ist das ET–System mit dem Primärtief verschmolzen und bildet nun das östlichste der Tiefdruckgebiete. Der ET–Lauf des Referenzexperiments TRM$_{ref}$ ist zu diesem Zeitpunkt in Abb. 7.6(a) dargestellt.

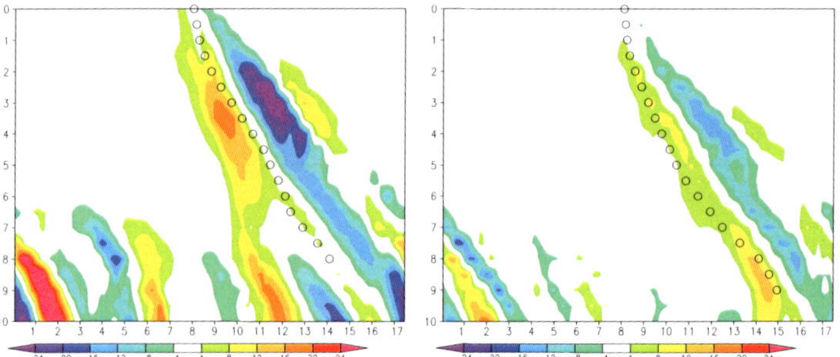

(a) TRM$_{rmax160}$ (b) TRM$_{rmax50}$

Abbildung 7.19: Hovmöller–Diagramm der Unterschiede zwischen dem ET– und dem LC–Lauf des Experiments (a) TRM$_{rmax160}$ und TRM$_{rmax50}$ (b) (wie Abb. 7.10). Das periodische Hovmöller–Diagramm ist nur einfach dargestellt.

zeigt) sind strukturell sehr ähnlich wie das Hovmöller–Diagramm von TRM_{ref}. Es zeigt sich, dass die Zonalisierung der Höhenströmung im Bereich des zweiten Tiefs stromabwärts des ET–Systems bei $\mathrm{TRM}_{rmax160}$ einen Tag früher, bei TRM_{rmax50} einen Tag später beginnt. Dieses System durchläuft seinen Lebenszyklus demnach umso schneller, je stärker der Wirbelsturm zu Beginn des Experiments ist.

Auch die Hovmöller–Diagramme der Unterschiede zwischen dem ET– und dem LC–Lauf sind strukturell für alle drei Experimente sehr ähnlich (Abb. 7.19, 7.10). Die anfängliche Verstärkung der meridionalen Auslenkung ist dabei für einen größeren Sturm umso ausgeprägter (Tag 2-5). Interessanterweise ist sowohl in TRM_{rmax50} als auch in $\mathrm{TRM}_{rmax160}$ die meridionale Komponente in Zusammenhang mit dem zweiten Trog stromabwärts des ET–Systems ($16\text{-}17 \times 10^3$ km, Tag 6-7) weniger stark beeinflusst als in TRM_{ref}. Im weiteren Bereich stromabwärts sind in TRM_{rmax50} die Veränderungen in der Höhenströmung deutlich geringer als in TRM_{ref}. Der kleinere, schwächere Sturm hat in diesem Szenario demnach einen geringeren Einfluss auf die barokline Entwicklung des LC–Laufs. Es lässt sich auch in diesem Fall eine Ausbreitung der Unterschiede in Form eines Wellenzugs erkennen. In $\mathrm{TRM}_{rmax160}$ ist der Einfluss auf die Höhenströmung auch quantitativ sehr ähnlich wie in TRM_{ref}, die Entwicklung stromabwärts setzt jedoch etwas früher ein.

Die Intensitätsspanne der in dieser Sensitivitätsstudie betrachteten Wirbelstürme liegt zwischen dem Zeitpunkt der ersten merklichen Wechselwirkung (36 h) bis zum Ende des Experiments zwischen 930 hPa und 970 hPa und umfasst damit einen äußert realistischen Bereich. Die Entwicklung des ET–Systems zeigt eine hohe Sensitivität bezüglich der anfänglichen Intensität des Wirbelsturms und insbesondere der Ausprägung der Outflow–Schicht. Die damit verbundenen unterschiedlichen Zuggeschwindigkeiten führen zu einer beachtlichen Variation des Szenarios (vgl. Abb. 7.16 und 7.4(a)). Durch den unterschiedlichen Verlauf der ET kommt es zwischen den einzelnen Experimenten auch stromabwärts des ET–Systems zu deutlichen Unterschieden im Strömungsmuster.

In der Hovmöller–Darstellung stellt man bei TRM_{rmax50} nach einer an-

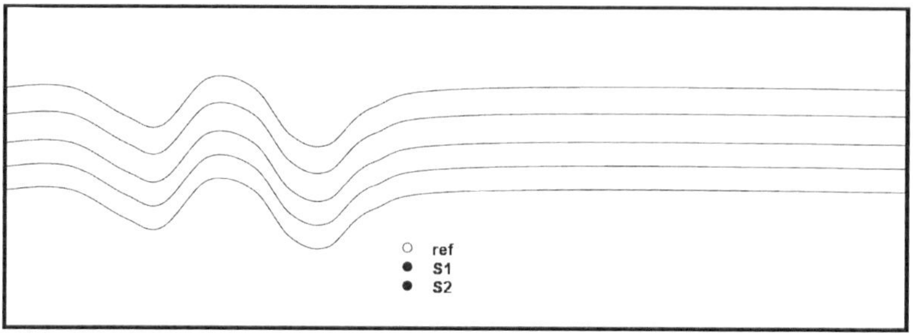

Abbildung 7.20: Schematische Darstellung zur Variation der Anfangsposition des Wirbelsturms im Szenario TRM.

fänglich geringeren Auslenkung der Höhenströmung durch den schwächeren Wirbelsturm auch im weiteren Verlauf stromabwärts des ET–Systems einen geringeren Einfluss auf die Höhenströmung fest. Der Vergleich zwischen $\mathrm{TRM}_{rmax160}$ und TRM_{ref} in der Hovmöller–Darstellung gestaltet sich hingegen komplexer. Trotz der etwas stärkeren Ausprägung des ersten Trogs stromabwärts des ET–Systems in $\mathrm{TRM}_{rmax160}$ entwickelt sich das damit verbundene Bodentief etwas weniger stark (vgl. Abb. 7.16(a) und 7.4(a)) und die meridionale Auslenkung im Bereich des zweiten Trogs ist daraufhin ebenfalls etwas geringer. Eine ähnliche Beobachtung war auch bei DRY_OFF (Abschnitt 6.2.3) zu beobachten. Offensichtlich spielen neben der Stärke der Höhenstörung auch noch andere Parameter (z.B. die relative Lage zur bodennahen baroklinen Zone) eine wichtige Rolle in der baroklinen Entwicklung, so dass mit einer stärkeren Auslenkung der Höhenströmung nicht zwangsläufig die Entwicklung intensiverer Bodensysteme verbunden sein muss.

7.1.3 Sensitivität bezüglich der Anfangsposition

Im Szenario TRM gerät der tropische Wirbelsturm während der anfänglichen Wechselwirkung unter den Einfluss der südwestlichen Höhenströmung, die mit dem sich nach Westen verlagernden Trog verbunden ist. Ausgeprägte Änderungen in der Entwicklung des Szenarios sind insbesondere dann zu erwarten, wenn der Höhentrog in der Anfangsphase

nördlich des Wirbelsturms vorbei zieht. Das Augenmerk in dieser Sensitivitätsstudie liegt daher auf der meridionalen Variation der Anfangsposition. In Abb. 7.20 sind die Anfangspositionen für die verschiedenen Experimente schematisch dargestellt. In den beiden Sensitivitätsexperimenten wird ausgehend vom Referenzexperiment die Anfangsposition des Wirbelsturms sukzessive um 360 km nach Süden verlagert. Die Sensitivitätsläufe werden im folgenden als TRM_{S1} und TRM_{S2} für die 360 bzw. 720 km südlichere Anfangsposition bezeichnet.
Nach 72 h haben sich die meridionalen Abstände zwischen den Wirbelstürmen vergrößert und betragen nun 600 km zwischen den Stürmen in TRM_{S2} und TRM_{S1} und 480 km in TRM_{S1} und TRM_{ref}. Für eine nördlichere Anfangsposition wird der Sturm demnach auch schneller in Richtung der mittleren Breiten gelenkt. Sowohl in TRM_{S1} als auch in TRM_{S2} ist zu diesem Zeitpunkt die Bodenentwicklung in den mittleren Breiten sehr wenig beeinflusst. Bei TRM_{S1} wird ein schwaches Rücken–Trog–Muster gebildet, in TRM_{S2} ist auch die Höhenströmung der mittleren Breiten weitgehend unbeeinflusst (nicht gezeigt).

Nach 108 h befindet sich der Wirbelsturm in TRM_{S1} westlich und etwas südlich des Bodentiefs, das sich aus der anfänglichen Störung entwickelt (Abb. 7.21(a)). Dieses Tief ist sehr ähnlich wie das entsprechende Tief im LC–Lauf. Stromabwärts davon ist die Rückenbildung an der Tropopause in TRM_{S1} jedoch etwas ausgeprägter. Der Trog stromabwärts des Wirbelsturms ist deutlich breiter als im LC–Lauf und das damit verbundene Bodentief entwickelt sich in TRM_{S1} etwas schneller. Der Wirbelsturm in TRM_{S2} ist zu diesem Zeitpunkt südlich des anfänglichen Tiefdruckgebiets, das auch in diesem Lauf mit einer deutlichen Rückenbildung stromabwärts verbunden ist (Abb. 7.21(b)). Der Trog stromabwärts ist etwas stärker als im LC–Lauf, das dazugehörige Bodentief jedoch geringfügig schwächer. Im Vergleich zum ET–Lauf von TRM_{ref} ist in beiden Sensitivitätsexperimenten das erste Bodentief stromabwärts weniger intensiv und die damit verbundene Rückenbildung stromabwärts deutlich schwächer.

In TRM_{S1} entfernt sich der Wirbelsturm nach 144 h in west–

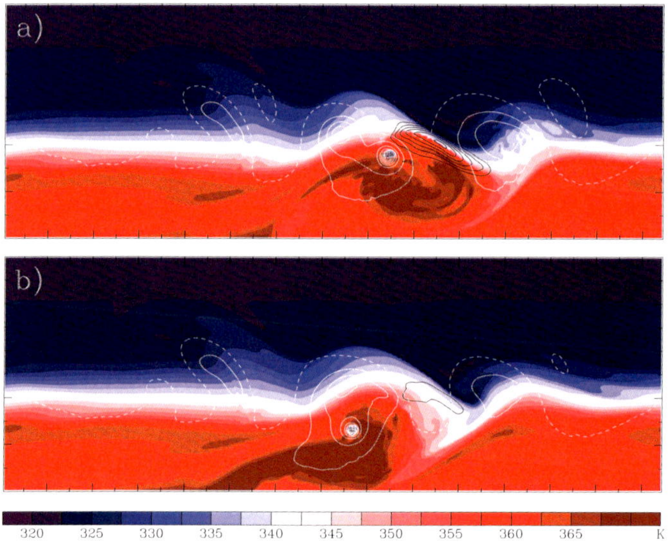

Abbildung 7.21: Wie Abb. 7.3, jedoch für die Experimente TRM$_{S1}$ (a) und TRM$_{S2}$ (b) bei 108 h. Der ET–Lauf des Referenzexperiments TRM$_{ref}$ ist zu diesem Zeitpunkt in Abb. 7.3(a) dargestellt.

südwestliche Richtung vom anfänglichen Bodentief, das in diesem Experiment nahezu unbeeinflusst bleibt (Abb. 7.22(a)). Das Tief stromabwärts ist stärker als im LC–Lauf und im weiteren Verlauf ist auch die Rückenbildung ausgeprägter. In TRM$_{S2}$ gerät der Wirbelsturm zu diesem Zeitpunkt unter den Einfluss des anfänglichen Tiefs (Abb. 7.22(b)). Die Entwicklung stromabwärts ist weiterhin weitgehend unbeeinflusst. Zu diesem Zeitpunkt ist die Entwicklung in den Experimenten TRM$_{ref}$, TRM$_{S1}$ und TRM$_{S2}$ sehr unterschiedlich. In TRM$_{ref}$ befindet sich das ET–System zwischen dem Tief, das sich aus der Anfangsstörung entwickelt hat, und dem Tief stromabwärts und schwächt sich langsam ab (Abb.. 7.4(a)). In TRM$_{S1}$ befindet sich der Wirbelsturm südlich der Jetachse und unter Einfluss der westlichen Höhenströmung. Er wechselwirkt mit der bodennahen baroklinen Zone und seine horizontale Skala hat sich bedeutend vergrößert, aber der Wirbelsturm besitzt noch weitgehend tropischen Charakter (nicht gezeigt). Der Wirbelsturm in

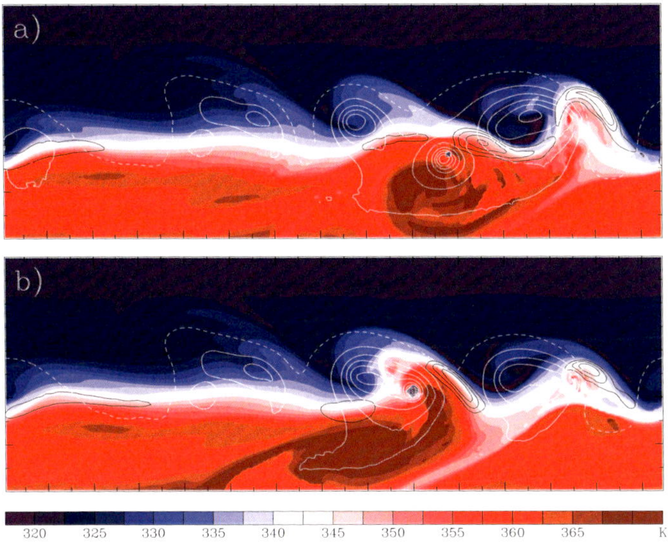

Abbildung 7.22: Wie Abb. 7.4, jedoch für die Experimente TRM_{S1} (a) und TRM_{S2} (b) bei 144 h. Das ET–System ist sowohl in (a) als auch (b) das zweite Tiefdruckgebiet von Osten. Der ET–Lauf des Referenzexperiments TRM_{ref} ist zu diesem Zeitpunkt in Abb. 7.4(a) dargestellt.

TRM_{S2} ist in der Transformationsphase von ET und wechselwirkt mit dem Tiefdruckgebiet stromaufwärts. Diese sehr unterschiedliche Entwicklung der ET–Systeme führt zu einer sukzessiven Ostverschiebung des Trogs stromabwärts des ET–Systems und zu einer stärker ausgeprägten Bildung des angrenzenden Rückens, je weiter nördlich die Position des Wirbelsturms zu Beginn des Experiments war. Der zweite Trog stromabwärts des ET–Systems befindet sich in allen drei Läufen weitgehend an der gleichen meridionalen Position.
Nach 180 h befindet sich in TRM_{S1} das sehr intensive ET–System vorderseitig eines scharfen Höhentrogs (Abb. 7.23(a)). Das ET–System in TRM_{S2} entfernt sich langsam von dem Tief stromaufwärts und schwächt sich dabei ab (Abb. 7.23(b)). Der Trog stromabwärts des ET–Systems ist in diesem Experiment noch am stärksten ausgeprägt. Die Höhenströmung im Bereich des zweiten Trogs und im weiteren Bereich stromab-

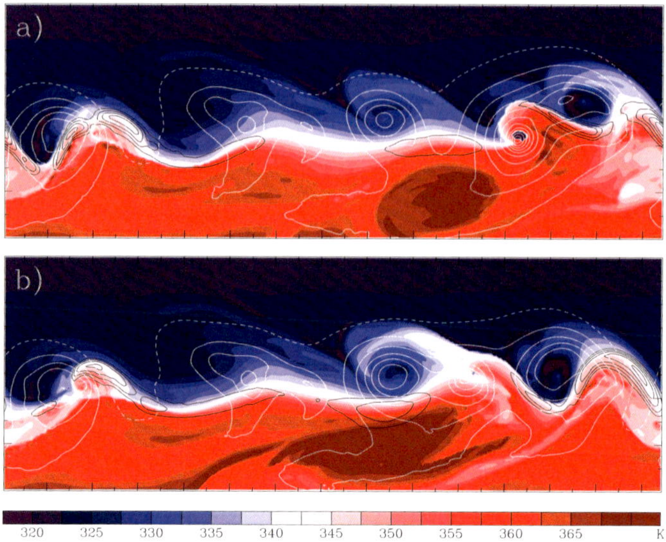

Abbildung 7.23: Wie Abb. 7.5, jedoch für die Experimente TRM_{S1} (a) und TRM_{S2} (b) bei 180 h. Das ET–System ist sowohl in (a) als auch (b) das zweite Tiefdruckgebiet von Osten. Der ET–Lauf des Referenzexperiments TRM_{ref} ist zu diesem Zeitpunkt in Abb. 7.5(a) dargestellt.

wärts ist in allen Läufen nahezu in Phase. Nur in TRM_{S2} befindet sich der zweite Trog etwas weiter westlich. Die meridionale Auslenkung im Bereich des zweiten und dritten Trogs ist umso ausgeprägter, je weiter nördlich die Anfangsposition des Wirbelsturms war.

Am Ende des Experiments ist die synoptische Situation in TRM_{S1} ähnlich wie in TRM_{ref}. Stromabwärts eines intensiven ET–Systems hat sich ein ausgeprägter Rücken gebildet. Dies beeinflusst auch den Trog stromabwärts und führt im Vergleich mit dem LC–Lauf zu einer deutlichen Phasenverschiebung. Der dritte Trog stromabwärts befindet sich wieder in Phase, ist jedoch stärker ausgeprägt als im LC–Lauf (Abb. 7.24(a) und 7.6(b)). Das ET–System in TRM_{S2} hat sich hingegen weiter abgeschwächt. Es ist ostwärts gedriftet und ebenfalls mit dem Primärtief verschmolzen. Die Höhenströmung im Bereich dieses ausgedehnten Tiefdruckgebiets ist dabei weitgehend zonal (Abb. 7.24(b)). Dies beeinflusst

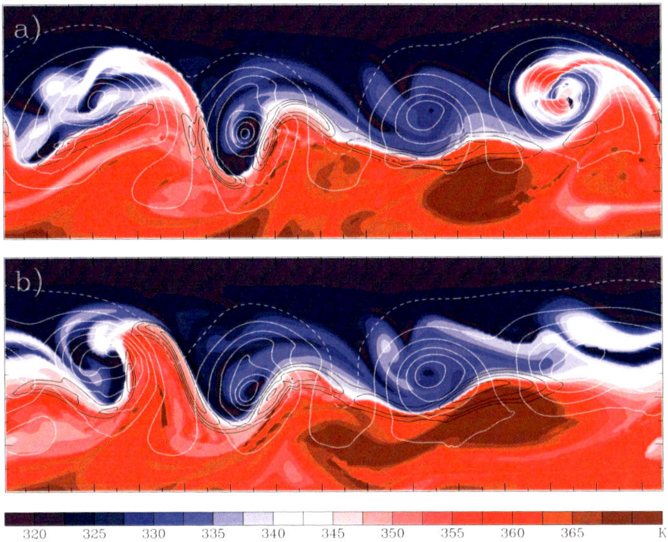

Abbildung 7.24: Wie Abb. 7.6, jedoch für die Experimente TRM_{S1} (a) und TRM_{S2} (b) bei 240 h. Sowohl in (a) als auch in (b) ist das ET–System mit dem Primärtief verschmolzen und bildet nun das östlichste der Tiefdruckgebiete. Der ET–Lauf des Referenzexperiments TRM_{ref} ist zu diesem Zeitpunkt in Abb. 7.6(a) dargestellt.

auch den zweiten Trog stromabwärts, der eine ausgeprägte negative Neigung aufweist. Es tritt keine deutliche Phasenverschiebung dieses Trogs im Vergleich zum LC–Lauf auf. Die Höhenströmung im Bereich des dritten Trogs ist ähnlich wie im LC–Lauf, der Trog selbst ist etwas breiter.

Betrachtet man die Unterschiede in der Höhenströmung zwischen den ET–Läufen und dem LC–Lauf im Hovmöller-Diagramm (Abb. 7.25, vgl. 7.10), so sieht man, dass zu Beginn der Wechselwirkung der Einfluss auf die Höhenströmung bei einer südlicheren Anfangsposition geringer ist. Zudem wird die Beobachtung aus Abschnitt 7.1.1 bestätigt, dass sich dieser Einfluss nicht direkt stromabwärts fortsetzt. Bei TRM_{S1} ist wiederum nach Tag 6 entlang der Linie der Gruppengeschwindigkeit aus TRM_{ref} (Abb. 7.10) die Ausbreitung eines schwachen Wellenzugs ersichtlich. Dieser Wellenzug verliert sich jedoch beim dritten Trog

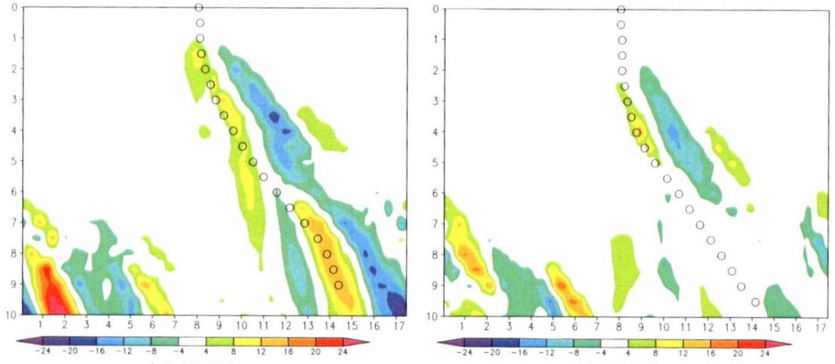

(a) TRM_{S1} (b) TRM_{S2}

Abbildung 7.25: Hovmöller–Diagramm der Unterschiede zwischen dem ET– und dem LC–Lauf des Experiments (a) TRM_{S1} (b) und TRM_{S2} (wie Abb. 7.10). Das periodische Hovmöller–Diagramm ist nur einfach dargestellt.

stromabwärts des ET–Systems (Abb. 7.25(a), Tag 8, 6-7 $\times 10^3$ km). Bei TRM_{S2} sind entlang der Linie der Gruppengeschwindigkeit keine Unterschiede zum LC–Lauf zu erkennen (Abb. 7.25(b)). Offensichtlich nimmt das ET–System in diesem Experiment keinen bedeutenden Einfluss auf die Vorderflanke des Rossby–Wellenzugs. Bemerkenswert sind auch die geringen Unterschiede, die bei TRM_{S2} im Verlauf des Experiments im Bereich des ET–Systems selbst auftreten.

In diesem Szenario nimmt der Einfluss des ET–Systems auf die Entwicklung in den mittleren Breiten mit einer südlicheren Anfangsposition des Wirbelsturms deutlich ab. Die ET–Systeme durchlaufen dabei in den verschiedenen Experimenten sehr unterschiedliche Entwicklungen. In TRM_{S2} nimmt das ET–System auf die anfängliche Entwicklung der baroklinen Systeme keinen Einfluss. Hier treten bedeutende Unterschiede zum LC–Lauf erst in der späteren Entwicklungsphase durch eine Verschiebung der Höhentröge auf. In TRM_{S1} wird die Entwicklung an der Vorderflanke des Rossby–Wellenzugs zwar verstärkt, jedoch im Gegensatz zu TRM_{ref} nicht so stark, dass sich der Einfluss auf den Wellenzug im Hovmöller–Diagramm bis zum Ende des Experiments feststellen lässt.

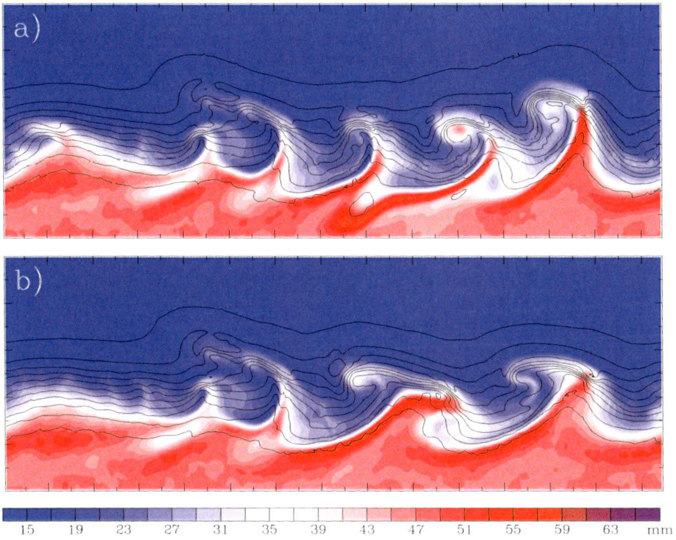

Abbildung 7.26: Wie Abb. 6.3, jedoch für den ET–Lauf (a) und LC–Lauf (b) des Experiments TRM$_{ref}$ nach 144 h. Das ET–System in (a) ist das zweite Tiefdruckgebiet von Osten (vgl. Abb. 7.4 zur Lage der Bodendrucksysteme).

7.1.4 Verstärkung des Feuchtetransports in die mittleren Breiten

Das Experiment RE hat gezeigt, dass im Bereich des ET–Systems verstärkt Feuchte in die mittleren Breiten transportiert wird. Bei der Wechselwirkung mit der sich entwickelnden Welle kann nun auch der Einfluss auf den meridionalen Feuchtetransport stromabwärts des ET–Systems betrachtet werden. Die Verstärkung der meridionalen Komponente der Höhenströmung legt dabei die Vermutung nahe, dass auch der Feuchteaustausch verstärkt wird..

In Abb. 7.26 ist der vertikal integrierte Feuchtegehalt der Modellatmosphäre im ET– und LC–Lauf nach 144 h dargestellt. Zu diesem Zeitpunkt befindet sich das ET–System in der außertropischen Phase und das Tiefdruckgebiet stromabwärts ist stark entwickelt. Im Zentrum des ET–System selbst findet man wie in Abschnitt 6.1 (Abb. 6.3) einen Einschluss sehr feuchter Luft, der innerhalb der mittleren Breiten ein markantes Gebiet erhöhter Feuchte darstellt. Die Kaltfront des Tiefs stromabwärts ist im ET–Lauf deutlich stärker meridional ausgerichtet. Mit der verstärkerten Auslenkung der Höhenströmung geht demnach auch eine Veränderung der Frontenstruktur in der unteren Troposphäre einher. Vorderseitig der Front stößt dabei eine Zunge sehr feuchter Luft im ET–Lauf etwa 600 km weiter nach Norden vor. Zudem findet man im ET-Lauf auch höhere Feuchtewerte vorderseitig der Kaltfront. Durch die höheren bodennahen Windgeschwindigkeiten (nicht gezeigt) in Zusammenhang mit dem stärkeren Tiefdruckgebiet folgt wahrscheinlich auch eine Erhöhung der Flüsse latenter Wärme von der Meeresoberfläche in die Modellatmosphäre. Für spätere Zeitpunkte (z.B. 180 h, nicht gezeigt) gelten diese Beobachtungen qualitativ auch für das zweite Tief stromabwärts. Im Experiment TRM_{SST26} stellt sich die Situation nahezu identisch dar (nicht gezeigt). Da man erwarten kann, dass gerade der Feuchtegehalt der Modellatmosphäre und einzelne konvektive Prozesse sensitiv von der SST abhängen, kann die in beiden Experimenten beobachtete Verstärkung des Feuchtetransports als robustes Ergebnis betrachtet werden.

Ein verstärkter meridionaler Feuchtetransport in Zusammenhang mit ET findet man demnach nicht nur in der Umgebung des ET–Systems selbst, sondern kann durch die verstärkte meridionale Strömungsausrichtung auch im Bereich stromabwärts beobachtet werden. Eine Quantifizierung des Wasserdampftransports durch explizite Berechnung der Feuchteadvektion aus den Modelldaten für verschiedene Szenarien stellt hier eine interessante Erweiterung der vorliegenden Arbeit dar.

7.1.5 Wechselwirkung des verstärkten Rossby-Wellenzugs mit einem bestehenden Tiefdruckgebiet

Die Wechselwirkung des tropischen Wirbelsturms mit der sich entwickelnden baroklinen Störung führt in TRM_{ref} zu einer stärkeren meridionalen Auslenkung der Höhenströmung stromabwärts des ET–Systems. In diesem Abschnitt wird der Frage nachgegangen, wie sich dies auf ein Tiefdruckgebiet auswirkt, das sich anfangs im Bereich stromabwärts un-

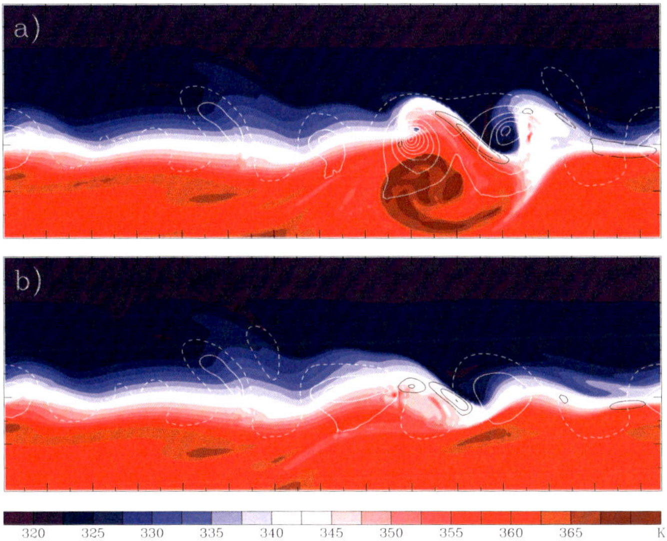

Abbildung 7.27: Wie Abb. 7.3, jedoch für das Experiment TRM_{dsTief} nach 108 h: ET–Lauf (a) und LC–Lauf (b). Das zusätzliche Bodentief befindet sich gerade am periodischen Übergang des Integrationsgebiets.

abhängig entwickelt. Der Einfluss des Bodentiefs auf die Ausbreitung des Wellenzuges wird ebenfalls betrachtet. Das Experiment wird als TRM_{dsTief} bezeichnet.

Zu Beginn des Experiments wird das zusätzliche Bodentief durch eine bodennahe Anfangsstörung ∼10000 km östlich der anfänglichen Höhenstörung angeregt. Die Details zur Initialisierung finden sich wiederum im Anhang D.2. Die Position des Tiefs ist so gewählt, dass seine Entwicklung im späteren Verlauf in Phase mit der Entwicklung der baroklinen Welle ist. Die Unterschiede zu TRM_{ref} sind stromaufwärts des zusätzlichen Bodentiefs vernachlässigbar. Auf die Entwicklung in diesem Bereich wird daher im folgenden nicht eingegangen.

Bis 108 h bleibt das zusätzliche Tiefdruckgebiet von der restlichen Entwicklung unbeeinflusst und hat im ET– und LC–Lauf ein nahezu identisches Erscheinungsbild (Abb. 7.27, das Tief befindet sich im äußersten Osten/ Westen des Gebiets). Im ET–Lauf befindet sich das Tief vorder-

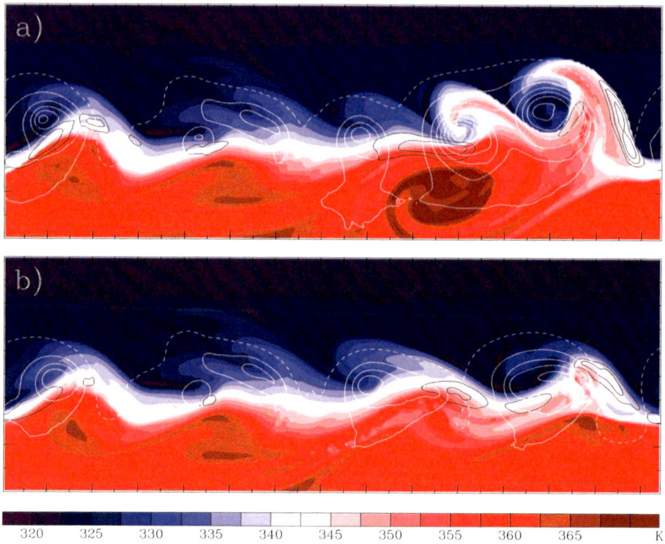

Abbildung 7.28: Wie Abb. 7.4, jedoch für das Experiment TRM_{dsTief} nach 144 h: ET–Lauf (a) und LC–Lauf (b). Das ET–System in (a) ist das zweite Tiefdruckgebiet von Osten. Das zusätzliche Bodentief befindet sich ganz im Westen des Gebiets.

seitig eines etwas stärker ausgeprägten Höhentrogs (Abb. 7.27(a)).

Innerhalb der nächsten 36 h fällt der Bodendruck im LC–Lauf nur leicht um 5 hPa, wohingegen das Tief im ET–Lauf eine moderate Verstärkung um 15 hPa erfährt (Abb. 7.28).

Im LC–Lauf verstärkt sich das Tief bis 180 h um weitere 10 hPa, im ET–Lauf behält es dagegen sein Druckminimum bei, so dass zu diesem Zeitpunkt der Bodendruck bei beiden Läufen gleich ist (Abb. 7.29). In der Höhenströmung gibt es jedoch erhebliche Unterschiede. Im ET–Lauf erstreckt sich der sehr scharfe Höhentrog, der mit dem Tief verbunden ist, ca. 500 km weiter äquatorwärts und der angrenzende Rücken ist deutlich stärker ausgeprägt (Abb. 7.29(a)).

Am Ende des Experiments ist der Trog im LC–Lauf negativ geneigt (Abb. 7.30(b)) und im ET–Lauf leicht positiv (Abb. 7.30(a)), so dass auch hier wieder eine deutliche Phasenverschiebung auftritt. Das Bodentief ist im ET–Lauf 5 hPa stärker und an der Südspitze des Trogs ent-

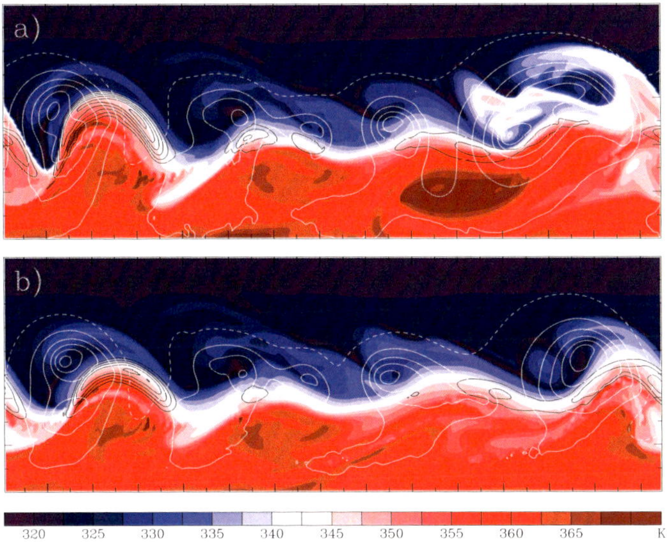

Abbildung 7.29: Wie Abb. 7.5, jedoch für das Experiment TRM_{dsTief} nach 180 h: ET–Lauf (a) und LC–Lauf (b). Das ET–System in (a) ist das zweite Tiefdruckgebiet von Osten. Das zusätzliche Bodentief befindet sich ganz im Westen des Gebiets.

wickelt sich ein weiteres, kleinskaliges Druckminimum. Der Trog stromabwärts besitzt eine ausgeprägte meridionale Ausdehnung. Der Trog im LC–Lauf hat sich aufgerollt und das damit verbundene Bodentief ist 15 hPa tiefer als im ET–Lauf Abb. 7.30(b)).

Stellt man die Unterschiede in der Höhenströmung zwischen den Läufen im Hovmöller–Diagramm dar, erkennt man die deutliche Verstärkung der meridionalen Windkomponente in Zusammenhang mit dem Trog stromabwärts des zusätzlichen Bodentiefs (Tag 8-10, 4-7 $\times 10^3$ km). Der Wellenzug breitet sich demnach über das Bodentief hinweg aus. Weiter stromabwärts kommt es jedoch zur sehr starken Abschwächung des Wellenzuges. Die in diesem Bereich stattfindende Wechselwirkung mit der Entwicklung aus der anfänglichen Störung erschwert die Interpretation der Ergebnisse. Es lässt sich jedoch vermuten, dass sich der stärker ausgeprägte Wellenzug in der Höhe ohne die Entwicklung eines starken Bodensystems nicht in gleichen Maße stromabwärts fortsetzt.

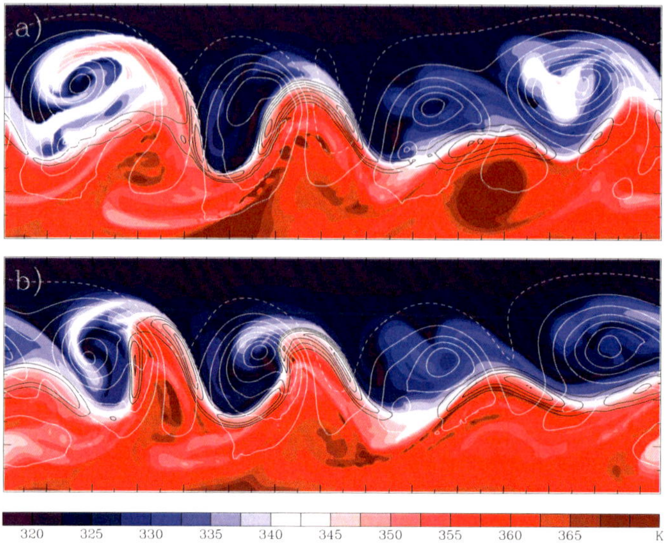

Abbildung 7.30: Wie Abb. 7.6, jedoch für das Experiment TRM$_{dsTief}$ nach 240 h: ET–Lauf (a) und LC–Lauf (b). Das mit dem Primärtief verschmolzene ET–System ist das östlichste der Tiefdruckgebiete in (a). Das zusätzliche Bodentief ist das westlichste der Tiefdruckgebiete.

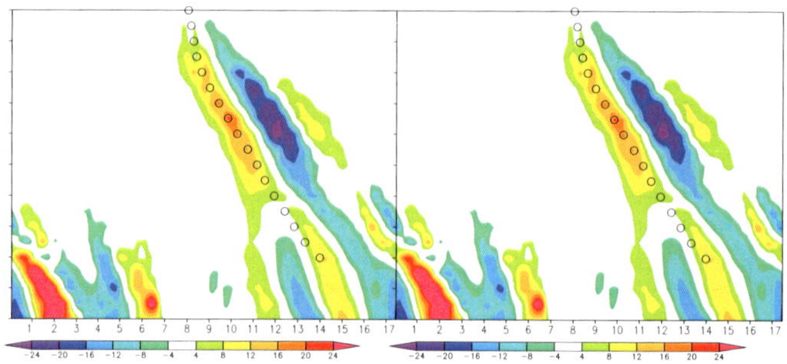

Abbildung 7.31: Hovmöller–Diagramm der Unterschiede zwischen dem ET– und dem LC–Lauf des Experiments TRM$_{dsTief}$ (wie Abb. 7.10).

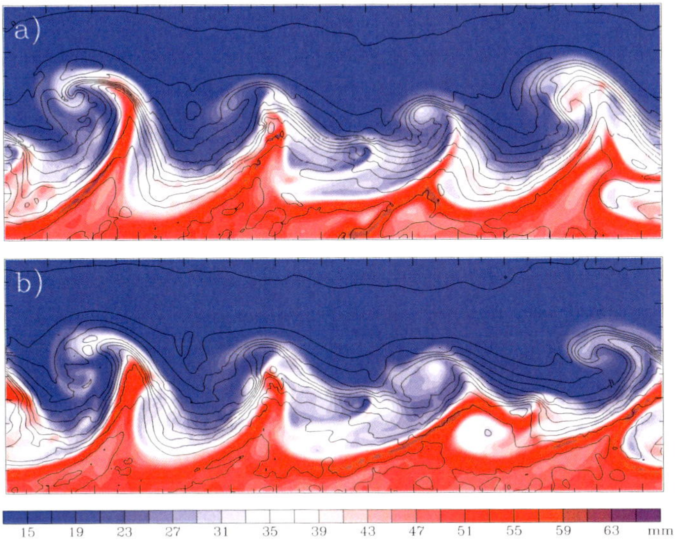

Abbildung 7.32: Wie Abb. 7.26, jedoch für das Experiment TRM_{dsTief} nach 216 h: ET–Lauf (a) und LC–Lauf (b). Das ET–System in (a) ist das östlichste der Tiefdrucksysteme.

Auch die bodennahe Frontenstruktur, die mit dem zusätzlichen Tief verbunden ist, wird in diesem Experiment durch die veränderte Höhenströmung beeinflusst. Nach 216 h erkennt man im ET–Lauf eine sehr starke, teils zurückgeneigte Warmfront (Abb. 7.32(a)). Im LC–Lauf hingegen findet eher eine klassischen Okklusion statt (Abb.7.32(b)). Die Zunge feuchter Luft im Warmsektor des Tiefs erstreckt sich im ET–Lauf ca. 600 km weiter nordwärts. Bemerkenswert sind zu dieser Zeit auch die sehr hohen Feuchtewerte, die man um das Zentrum des ET–Systems vorfindet (Abb.7.32(a)).

Die verstärkte meridionale Ausrichtung stromabwärts des ET–Systems spiegelt sich in einer stärkeren Ausprägung des Höhentrogs stromaufwärts des zusätzlichen Tiefs wieder und bewirkt eine kurzzeitige Beschleunigung der Entwicklung dieses Tiefs. Zudem führt die Wechselwirkung mit dem ET–System wiederum zu einer Phasenverschiebung in der Höhenströmung und der Bildung eines weiteren, kleinskaligen Tiefdruckzentrums im Bereich des zusätzlichen Bodentiefs. Im Bereich des Trogs stromabwärts ist die Höhenströmung ebenfalls stark meridional ausgelenkt, die Entwicklung des Bodensystems ist dort am Ende des Experiments allerdings deutlich schwächer als im LC–Lauf. Im weiteren Bereich stromabwärts gibt es keine Anzeichen, dass sich der Wellenzug fortsetzt. Dies ist erneut ein Indiz dafür, dass die Wechselwirkung mit der Bodenentwicklung eine wichtige Rolle für die Ausbreitung des Wellenzuges in der Höhe spielt. Der meridionale Feuchteaustausch im Zusammenhang mit dem Bodentief stromabwärts des ET–Systems wird in Einklang mit den Ergebnissen aus Abschnitt 7.1.4 ebenfalls verstärkt und im Bereich des ET–Systems selbst findet man wiederum eine weiträumige Verteilung sehr feuchter Luftmassen.

7.2 Reife barokline Entwicklung

In diesem Kapitel wird ein Szenario untersucht, in dem die Wechselwirkung des tropischen Wirbelsturms mit einer baroklinen Welle in der Reifephase der baroklinen Entwicklung stattfindet. Zu Beginn des Experiments werden dem Strahlstrom in regelmäßigen Abständen 5 schwache Bodentiefs überlagert. Die Details zur Initialisierung finden sich im Anhang D.2. Die Entwicklung des baroklinen Lebenslaufs ohne Einfluss des Wirbelsturms ist ähnlich wie in Kapitel 5 (Abb. 5.9), verläuft aufgrund einer stärkeren Anfangsstörung jedoch etwas schneller.
Der Wirbelsturm wird 1620 km südlich der Jetachse eingesetzt und nimmt anfangs nahezu keinerlei Einfluss auf die barokline Entwicklung. In der frühen Phase der Wechselwirkung haben sich dann bereits intensive Bodentiefs entwickelt. Die Höhenströmung ist zu dieser Zeit durch ein deutliches Wellenmuster geprägt. Die Höhentröge sind zyklonal aufgerollt und liegen annähernd senkrecht über dem Minimum im Bodendruck (z.B. Abb. 7.33(a)). Durch die nahezu identische Entwicklung der einzelnen baroklinen Systeme ist es möglich, durch den Vergleich mit benachbarten, noch ungestörten Druckgebilden, den Einfluss des Wirbelsturms

im ET–Lauf selbst zu erkennen. Die reine barokline Entwicklung ist daher hier nicht dargestellt, sie findet sich aber im Anhang (Abb. B.1).
Die Sensitivität bezüglich der Anfangsposition des Wirbelsturms wird für dieses Szenario durch eine zonale Verschiebung der Anfangsposition untersucht. Die Untersuchung bezüglich der Intensität des Wirbelsturms findet analog zum Szenario TRM statt. Einen Überblick über die für dieses Szenario durchgeführten Experimente liefert Tab. A.3 im Anhang.

7.2.1 Referenzexperiment

Im Referenzexperiment $P5_{ref}$ wird der Wirbelsturm anfänglich 1380 km östlich des Zentrums des sich entwickelnden Tiefdruckgebiets, mit dem im späteren Verlauf die Wechselwirkung stattfindet, eingesetzt. Die zeitliche Entwicklung dieses Experiments ist in Abbildung 7.33 dargestellt. Nach 108 h befindet sich ein starker tropischer Wirbelsturm (926 hPa)[1] an der südöstlichen Spitze eines Höhentrogs. Dieser Höhentrog ist schmäler und an seiner Ostflanke deutlich steiler als die vergleichbaren Tröge, die mit den ungestörten Tiefdruckgebieten verbunden sind (Abb. 7.33(a)). Die Ergebnisse der PV-Inversion aus Abschnitt 6.3 (z.B. Abb. 6.13(a)) legen die Vermutung nahe, dass die zyklonale Zirkulation des Wirbelsturms das Aufsteilen des Trogs bewirkt. Die Outflow–Schicht befindet sich v.a. stromabwärts des Wirbelsturms und erstreckt sich teilweise in den angrenzenden Rücken hinein.
Das ET–System ist 24 h später schon mit dem außertropischen Tief verschmolzen. Die Wechselwirkung ist somit vollständig in Phase mit der Entwicklung der mittleren Breiten. Der Höhentrog hat sich deutlich weiter verjüngt und weist nun eine ausgeprägte negative Neigung auf (Abb. 7.33(b)). Er rollt sich dabei um das sehr intensive ET–System (938 hPa) auf. Zu diesem Zeitpunkt kommt es zu einem sehr starken meridionalen Austausch der Luftmassen in der Höhe. Tropische Luft mit hohen θ–Werten, die aus der Outflow–Schicht stammt, wird östlich des ET–Systems bis weit in die mittleren Breiten transportiert. Entlang der Ostflanke der Outflow–Schicht wird ein Streamer niedriger θ–Werte

1 Der Intensitätsverlauf des Wirbelsturms wird in Abb. 7.44 gezeigt.

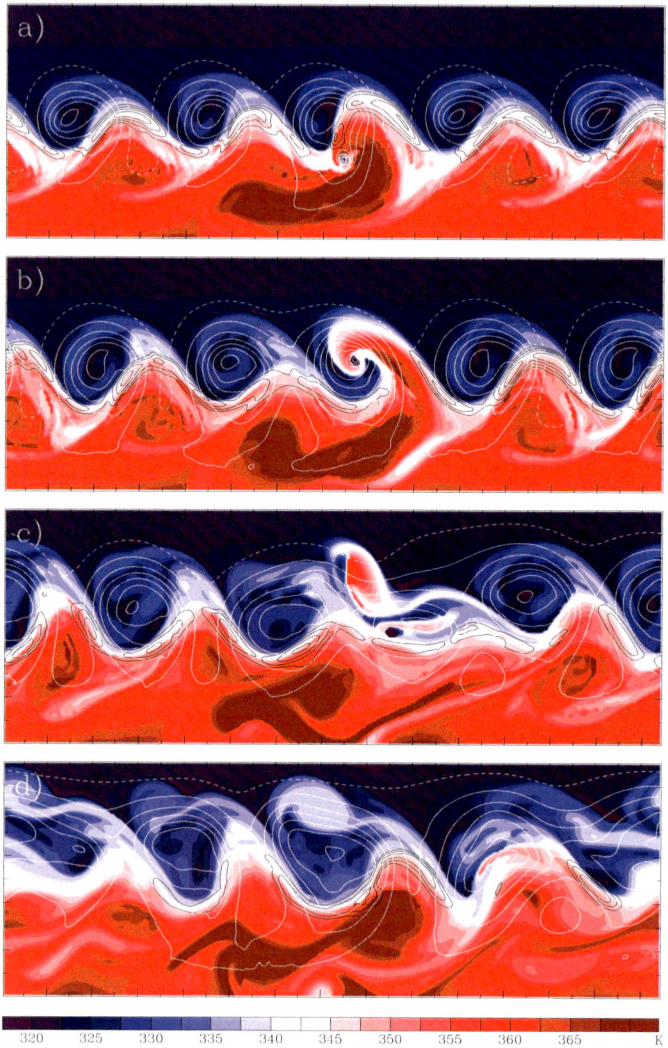

Abbildung 7.33: Wie Abb. 6.1, jedoch für den ET–Lauf des Szenarios P5 nach (a) 108 h, (b) 132 h, (c) 180 h und (d) 240 h. Zu Beginn der anfänglichen Wechselwirkung (a) befindet sich das ET–System südöstlich des mittleren Tiefdruckgebiets.

gebildet, der sich von den mittleren Breiten bis tief in den Süden des Modellgebietes erstreckt.
Nach 180 h hat sich das ET–System stark abgeschwächt (968 hPa) und die vertikal kohärente Struktur verloren. Die θ–Anomalie des Höhentrogs wurde sehr stark geschert und sehr wahrscheinlich auch durch diabatische Effekte deutlich abgeschwächt (siehe unten). Reste dieser Anomalie befinden sich insbesondere östlich und etwas nördlich des ET–Systems. Einen Teil der positiven θ–Anomalie der ehemaligen Outflow–Schicht erkennt man nordwestlich des ET–Systems (Abb. 7.33(c)). Die von beiden Anomalien induzierte Strömung führt zur Entwicklung eines scharfen Höhentrogs nördlich des ET–Systems. Die Höhenströmung in der Umgebung des ET–Systems ist deutlich zonaler als im restlichen Gebiet. Zu diesem Zeitpunkt kann man auch einen Einfluss auf das Tiefdruckgebiet stromabwärts erkennen. Die zonale Höhenströmung bewirkt dort eine Neigung des Höhentrogs von Nordwesten nach Südosten. Durch die weitere Verformung der Höhenanomalie führt dies im weiteren Verlauf zu einer raschen Auflösung der vertikal kohärenten Struktur.
Am Ende des Experiments (240 h) hat sich der bei 180 h neu entstandene Trog massiv verstärkt und das ET–System hat sich auf 960 hPa reintensiviert. Die Zonalisierung der Höhenströmung setzt sich im Bereich stromabwärts jedoch fort (Abb. 7.33(d)). Die beiden Tiefs stromabwärts des ET–Systems sind zu dieser Zeit weitgehend miteinander verschmolzen und die damit verbundenen Höhenanomalien weisen eine deutliche zonale Ausrichtung auf. Es befinden sich am Ende des Experiments nur 4 Bodentiefs innerhalb des Integrationsgebiets anstatt der 5 Tiefdruckgebiete im LC–Lauf (Abb. B.1(d)).

Der tropische Wirbelsturm hat bei der Wechselwirkung mit dem außertropischen Tief auch einen bedeutenden Einfluss auf dessen Frontenstruktur und die damit verbundene Niederschlagsverteilung. Nach 108 h besitzt die Kaltfront eine deutlich meridionalere Ausrichtung und zeigt im Bereich des ET–Systems eine wellenartige Deformation sowie einen höheren Temperaturgradienten. Im nördlichen Teil der Kaltfront findet sehr starker Niederschlag statt (Abb. 7.34(a))[1]. Auch der Nieder-

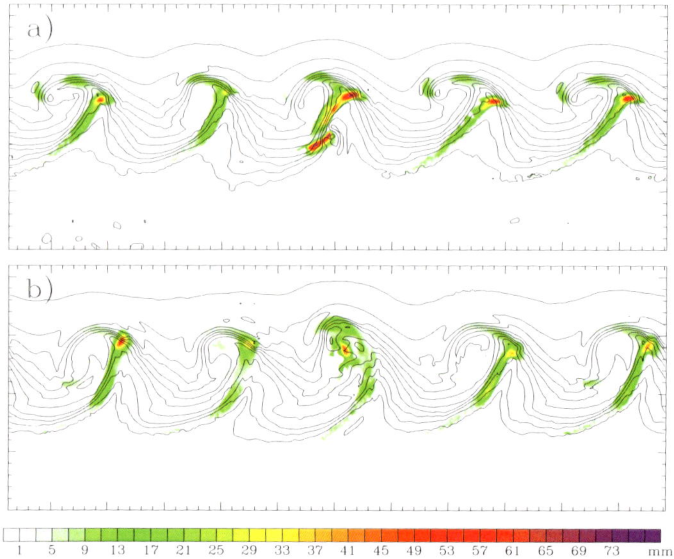

Abbildung 7.34: Über 12 h akkumulierter Niederschlag (farbig) und θ auf 850 hPa (Konturlinien) nach (a) 108 h und (b) 132 h im Experiment $P5_{ref}$.

schlag im nördlichen Bereich des Warmsektors ist bei diesem Tief am stärksten ausgeprägt. Nachdem das ET–System nach 132 h mit dem Zentrum des außertropischen Tiefs verschmolzen ist, ist auch die Frontenstruktur deutlich gestört (Abb. 7.34(b)). Die ursprünglichen Warm- und Kaltfronten sind nur noch bruchstückhaft vorhanden. Nordwestlich des Druckminimums (vgl. Abb. 7.33(b)) findet man nun einen ausgeprägten Einschluss warmer Luft. Die Reste der zurückgeneigten Warmfront lassen sich dort ebenfalls erkennen. Das Auftreten des Niederschlags hat sich weitgehend von den Fronten gelöst und erstreckt sich über einen großflächigen Bereich. Insbesondere im Zentrum des Tiefs ist mit der feuchten Luft des ET–Systems sehr starker Niederschlag verbunden. Die großräumige Verteilung des Niederschlags lässt auch auf ein weiträumiges Freiwerden latenter Wärme schließen. Da dies unterhalb der

1 Die längliche Struktur im Süden der Kaltfront zeigt den Niederschlag im Kern des ET–Systems.

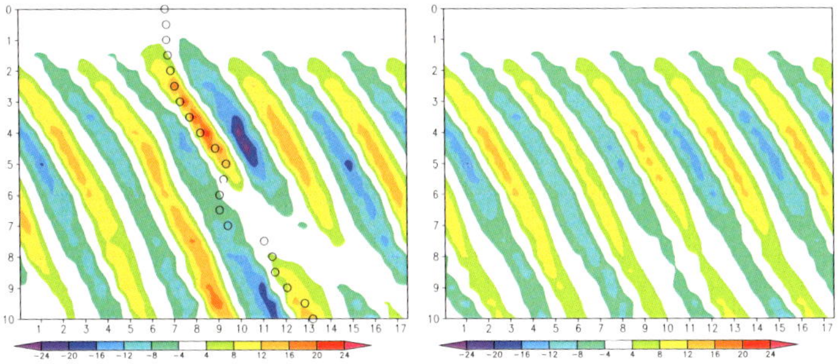

Abbildung 7.35: Hovmöller–Diagramm für den ET–Lauf (a) und den LC–Lauf (b) des Experiments $P5_{ref}$ (wie Abb.7.8).

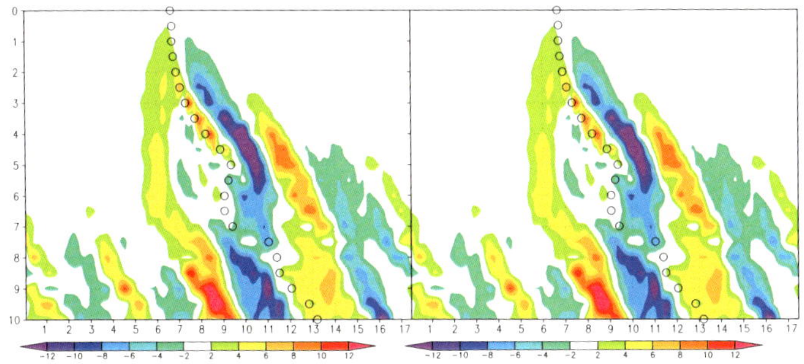

Abbildung 7.36: Hovmöller-Diagramm der Unterschiede zwischen dem ET– und dem LC–Lauf im Experiment $P5_{ref}$ (wie Abb. 7.10). Man beachte die veränderte Farbskala.

Höhenanomalie des Trogs geschicht, liegt die Vermutung nahe, dass die Verschiebung des Niederschlagsmusters den diabatischen Abbau der Anomalie begünstigt und zur Auflösung ihrer kohärenten Struktur beiträgt. Der Abbau der Höhenanomalie und die anschließende rasche Zonalisierung der Strömung erklärt auch das schnelle Auffüllen des ET–Systems in der Reifephase.

Die Entwicklung der Höhenströmung im ET– und im LC–Lauf ist in Abb. 7.35, der Unterschied zwischen den beiden Entwicklungen in Abb. 7.36 als Hovmöller–Diagramm dargestellt. Fast über den gesamten Zeitraum erkennt man zwischen 6 und 7×10^3 km den Einfluss der langlebigen Outflow–Anomalie stromaufwärts des ET–Systems (Abb. 7.36). Am Westrand der Outflow–Luft kommt es zu einer Verstärkung der Südströmung in Zusammenhang mit dem zweiten Höhentrog (Abb. 7.33(a) und 7.33(b), die Outflow–Anomalie ist an der dunkelroten Färbung deutlich zu erkennen). Dieser starke Einfluss wird insbesondere im späteren Verlauf des Experiments wahrscheinlich überschätzt. Zwischen Tag 2 und Tag 5 erkennt man die Verstärkung der Südströmung (7-9×10^3 km), die insbesondere durch das Aufsteilen des Trogs stromaufwärts des ET–Systems verursacht wird. Die durch die Erhöhung der Tropopausenneigung zwischen der Outflow–Anomalie und der Ostflanke des Rückens entstandene verstärkte Nordströmung ist zwischen Tag 2 und Tag 6 (8-11×10^3 km) ersichtlich. Mit dem verstärkten Südwind an der Ostflanke des Trogs stromabwärts des ET–Systems bei Tag 3 (11×10^3 km) beginnt sich die Verstärkung der meridionalen Komponente der Höhenströmung als Wellenzug in den Bereich stromabwärts auszubreiten (Abb. 7.36). Die Gruppengeschwindigkeit lässt sich auf den gleichen Wert wie in RE und TRM (vgl. Abb. 6.4 und 7.10) schätzen. Die Verstärkung der meridionalen Auslenkung, nimmt bei der Ausbreitung entlang der Linie der Gruppengeschwindigkeit jedoch deutlich ab. Bei Tag 6 setzt im Bereich des ET–Systems (Abb. 7.35(a), 10×10^3 km) die Zonalisierung der Höhenströmung ein. An dem Bereich der schwachen meridionalen Komponente (vgl. mit Abb. 7.35(b)) ist die Ausbreitung der Zonalisierung stromabwärts gut zu erkennen. In Abb. 7.36 tritt die Zonalisierung ebenfalls als Wellenzug auf, der zum Wellenzug der verstärkten meridionalen Auslenkung um 180° phasenverschoben ist und von der negativen Anomalie bei Tag 6 und 10×10^3 km seinen Ausgang nimmt.

Der größte Einfluss auf die Entwicklung der Höhenströmung in den mittleren Breiten ist in diesem Experiment mit dem ET–System selbst verbunden. Insbesondere in der späteren Phase der Entwicklung sind mit der Entstehung des neuen Trogs und der Bildung des angrenzenden Rückens im Zusammenhang mit der Reintensivierung des ET–Systems die Unterschiede am stärksten ausgeprägt (Abb. 7.36, Tag 8-10, 10-

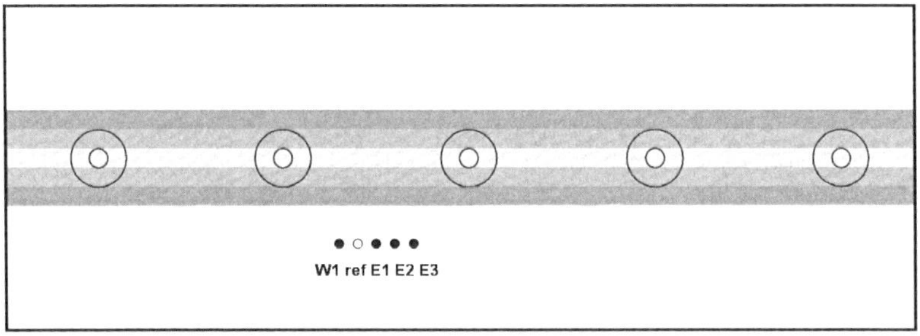

Abbildung 7.37: Schematische Darstellung zur Variation der Anfangsposition des Wirbelsturms im Szenario P5.

16×10^3 km). Sowohl die Verstärkung der meridionalen Auslenkung als auch die spätere Zonalisierung der Höhenströmung führen zwar lokal zu ähnlich starken Veränderungen, diese sind räumlich jedoch stärker begrenzt.

Auch bei diesem Szenario bewirkt die Wechselwirkung mit dem Wirbelsturm eine Verstärkung der meridionalen Komponente in der Höhenströmung. Diese ist jedoch deutlich geringer als in TRM_{ref} und nimmt stromabwärts von ET weiter ab. In diesem Experiment findet der bedeutendere Einfluss auf den Bereich stromabwärts durch die beschleunigte Zonalisierung der Höhenströmung statt. Auf Grund von Deformation und diabatischem Abbau verliert die Höhenanomalie im Bereich des ET–Systems rasch seine kohärente Struktur und die verstärkte zonale Orientierung der Strömung beeinflusst im folgenden den Bereich stromabwärts. Im Hovmöller–Diagramm stellt sich die Zonalisierung ebenfalls als Wellenzug dar. Der Einfluss auf die Strömung stromabwärts ist geringer als bei TRM_{ref} und die größten Unterschiede zwischen dem ET– und dem LC–Lauf finden sich am Ende des Experiments im Bereich des ET–Systems.

7.2.2 Sensitivität bezüglich der Anfangsposition des Wirbelsturms

In diesem Abschnitt wird die Sensitivität der Wechselwirkung zwischen dem Wirbelsturm und der baroklinen Entwicklung bezüglich der relativen Position der beiden Systeme untersucht. Dazu wird die Anfangsposition des Wirbelsturms in zonaler Richtung sukzessive in Abständen von 360 km variiert. Eine schematische Darstellung der Anfangspositionen findet sich in Abb. 7.37. Die Sensitivitätsexperimente werden im folgenden als $P5_{W1}$, für die Verschiebung um 360 km nach Westen und $P5_{E1}$, $P5_{E2}$ und $P5_{E3}$ für eine ostwärts Verlagerung der Anfangsposition von 360, 720 bzw. 1080 km bezeichnet.
In der zeitlichen Entwicklung der verschiedenen Läufe lassen sich 3 Regime identifizieren, die im folgenden betrachtet werden. Für $P5_{E1}$ und $P5_{E2}$ verläuft die Entwicklung grundsätzlich ähnlich wie in $P5_{ref}$, insbesondere zieht der Wirbelsturm östlich des Höhentrogs nach Norden und verschmilzt danach mit dem damit verbundenen Bodentief. In Abb. 7.38 werden diese drei Experimente zur Zeit der stärksten Wechselwirkung mit dem Höhentrog verglichen. In $P5_{E1}$ findet eine deutliche Deformation des Trogs dabei etwas früher, in $P5_{E2}$ 12 h später statt. Für eine östlichere Anfangsposition des Wirbelsturms kommt es zu einer kontinuierlich stärkeren Deformation des Höhentrogs und einer ausgeprägteren negativen Neigung. Der Streamer an der Ostflanke der Outflow–Anomalie hingegen ist umso markanter, je weiter westlich die Anfangsposition des Sturms ist. Die Sensitivität der Trogentwicklung bezüglich der Anfangsposition zeigt deutlich, welche große Rolle der Wirbelsturm in dieser Entwicklung spielt.
Vergleicht man die Hovmöller-Diagramme der Unterschiede zwischen dem ET– und dem LC–Lauf dieser Experimente (Abb. 7.39 und 7.36), so erkennt man für die Ostverschiebung der Anfangsposition auch einen zunehmend stärkeren Einfluss auf die Strömung stromabwärts. Dies betrifft zum einen die Verstärkung des Wellenmusters, aber insbesondere setzt auch die Zonalisierung der Strömung früher ein und ist stärker ausgeprägt (vgl. bei Tag 5 den Bereich zwischen 8-9 $\times 10^3$ km). Bei $P5_{E2}$

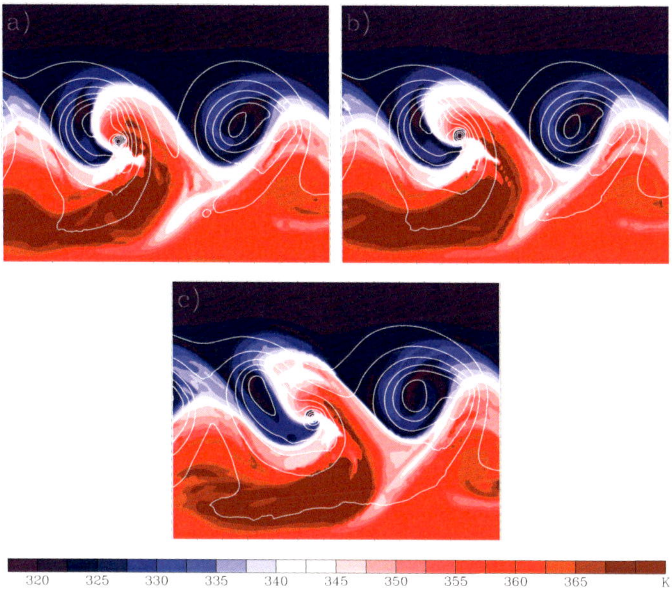

Abbildung 7.38: Wie Abb. 6.1, jedoch für einen verkleinerten Ausschnitt des Gebiets für die Experimente $P5_{ref}$ (a) und $P5_{E1}$ (b) nach 120 h und $P5_{E2}$ nach 132 h (c). Das ET–System erkennt man als kleinskaliges, intensives Druckminimum im Zentrum der Abbildung.

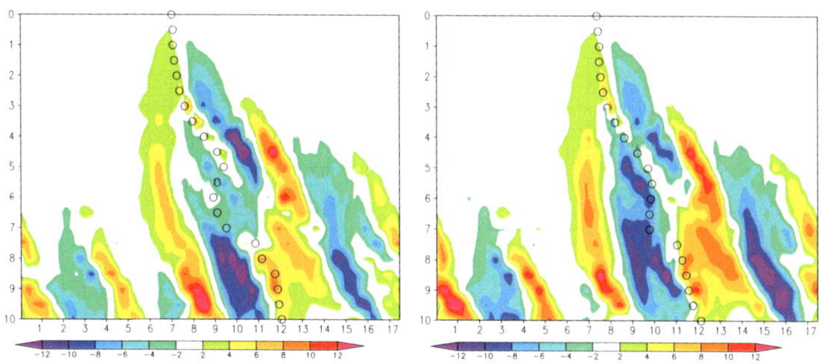

Abbildung 7.39: Hovmöller–Diagramm der Unterschiede zwischen dem ET– und dem LC Lauf der Experimente (a) $P5_{E1}$ und (b) $P5_{E2}$ (wie Abb. 7.36). Das periodische Hovmöller–Diagramm ist nur einfach dargestellt.

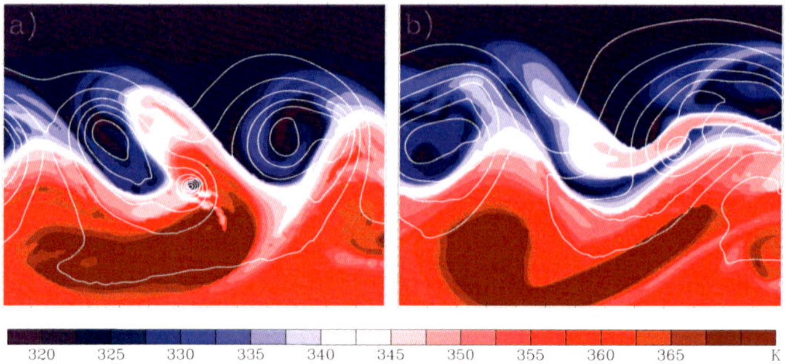

Abbildung 7.40: Wie Abb. 6.1, jedoch für einen verkleinerten Ausschnitt des Gebiets für das Experiment $P5_{E3}$ nach (a) 132 h und (b) 180 h. In (a) erkennt man das ET–System als kleinskaliges, intensives Druckminimum im Zentrum der Abbildung. In (b) befindet sich das ET–System im Osten des Ausschnitts und stellt dort das stärkere der beiden Druckminima dar.

sind in der Endphase des Experiments die Veränderungen im Bereich des ET-Systems sowie im Bereich stromabwärts ähnlich stark ausgeprägt, wohingegen in $P5_{ref}$ der Einfluss von ET im Bereich des ET-Systems am größten ist.

Wird die Anfangsposition weitere 360 km nach Osten verschoben ($P5_{E3}$), so ist die Trogwechselwirkung anfangs noch ähnlich zu der oben beschriebenen Entwicklung. Der Wirbelsturm befindet sich dabei noch weiter östlich und der Trog ist stärker deformiert und die negative Neigung größer (Abb. 7.40(a)). Im weiteren Verlauf bewegt sich der Sturm dann jedoch langsam weiter nach Osten, anstatt mit dem außertropischen Tief zu verschmelzen. Der Trog wird dabei weiter stark deformiert und entwickelt in den nächsten 48 h eine filamentartige Struktur (Abb. 7.40(b)). Das ET–System schwächt sich in dieser Zeit ab und verschmilzt im folgenden mit dem Tief stromabwärts. Durch die Deformation des damit verbundenen Höhentrogs verliert auch dieses Tief rasch seine vertikale Kohärenz (nicht gezeigt). Dementsprechend dokumentiert das Hovmöller–Diagramm (Abb. 7.41) bei diesem Experiment einen deutlich stärkeren Einfluss des Wirbelsturms, insbesondere auch für den Bereich stromabwärts.

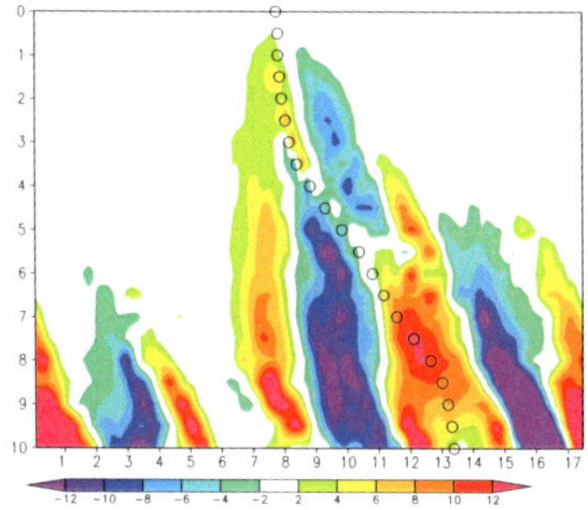

Abbildung 7.41: Hovmöller–Diagramm der Unterschiede zwischen dem ET– und dem LC–Lauf des Experiments $P5_{E3}$ (wie Abb. 7.39).

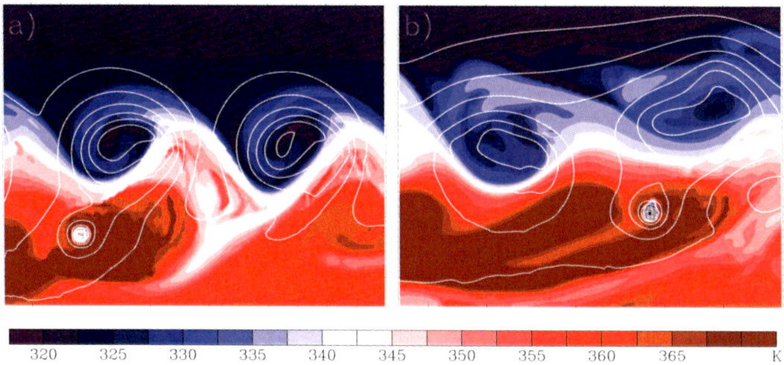

Abbildung 7.42: Wie Abb. 7.40, jedoch für das Experiment $P5_{W1}$ nach (a) 120 h und (b) 240 h. Der tropische Wirbelsturm befindet sich hier südlich des Strahlstroms.

Bei der westlichsten Anfangsposition ($P5_{W1}$) zieht der Trog nördlich des Wirbelsturms vorbei und der Sturm wird nicht in die mittleren Breiten umgelenkt. Zum Vergleichszeitpunkt (120 h) befindet er sich deutlich südwestlicher als in $P5_{ref}$ (Abb. 7.42(a)). An der Ostflanke der Outflow–Schicht werden wiederum niedrige θ–Werte weit in den Süden des Gebiets advehiert. Im weiteren Verlauf der Entwicklung gerät der Wirbelsturm unter den Einfluss der westlichen Höhenströmung und bewegt sich ostwärts. Er bleibt dabei bis zum Ende des Experiments südlich der Jetachse (Abb. 7.42(b)). Aufgrund dieser deutlich unterschiedlichen Zugbahn kommt es weder zur Deformation des Höhentrogs noch zur ra-

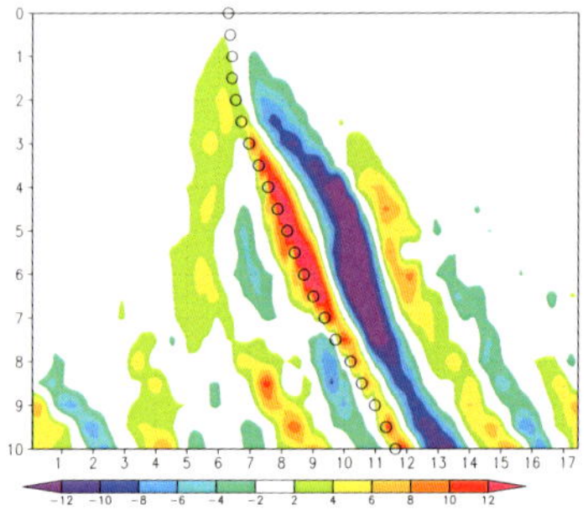

Abbildung 7.43: Hovmöller–Diagramm der Unterschiede zwischen dem ET– und dem LC–Lauf des Experiments $P5_{W1}$ (wie Abb. 7.39).

schen Zonalisierung der Höhenströmung. Bis zum Ende des Experiments behalten die fünf außertropischen Tiefdruckgebiete weitgehend eine kohärente Struktur (nicht gezeigt).

Das Hovmöller–Diagramm zeigt für dieses Experiment zwischen Tag 3 und 7 eine verstärkte meridionale Auslenkung der Höhenströmung (Abb. 7.43). Eine Ausbreitung dieses Einflusses über den ersten Trog stromabwärts hinaus ist jedoch nicht ersichtlich. Zum Ende des Experiments (Tag 8-10) treten im gesamten Gebiet Unterschiede auf, die im Vergleich mit den anderen Experimenten bei weitem am schwächsten ausgeprägt sind.

Innerhalb des Regimes, bei dem der Wirbelsturm mit dem Trog stromaufwärts wechselwirkt und anschließend mit dem außertropischen Tief verschmilzt, beobachtet man einen größeren Einfluss auf die barokline Entwicklung, je weiter östlich die Anfangsposition des Wirbelsturms ist. Zieht der Sturm westlich des Höhentrogs vorbei und durchläuft auch im weiteren Verlauf keine ET ($P5_{W1}$), so ist der Einfluss auf die mittleren Breiten deutlich geringer. Deutlich stärker als bei $P5_{E2}$ ist der Einfluss, wenn der Wirbelsturm nach der Wechselwirkung mit dem Trog stromaufwärts noch weiter nach Osten zieht und auch mit dem System stromabwärts interagiert ($P5_{E3}$). Besonders in diesem Fall ist jedoch zu bemerken, dass man hier einen sehr starken tropischen Wirbelsturm

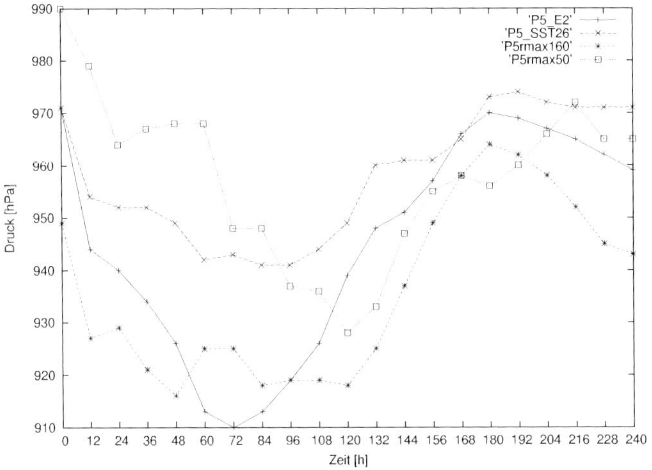

Abbildung 7.44: Unterschiedlicher Verlauf des Druckminimums der Wirbelstürme mit der Zeit in den Sensitivitätsexperimenten für das Experiment $P5_{E2}$. Siehe Abbildung zur Beschriftung der einzelnen Kurven.

betrachtet, der trotz der ungünstigen Umgebungsbedingungen während der Wechselwirkung mit den mittleren Breiten sehr lange als intensives System bestehen bleibt. Dies ist sicherlich nicht für alle ET–Systeme der Fall, insbesondere im Atlantik treten jedoch immer wieder starke Wirbelstürme auf, die ihre tropische Charakteristik bis in die mittleren Breiten hinein behalten können (z.B. Felix (1995); Thorncroft und Jones (2000) und Irene (1999); Agustí-Panareda et al. (2004)).

7.2.3 Trogdeformation bei Wirbelstürmen verschieden starker Intensitäten

Bei dem in diesem Kapitel betrachteten Szenario ist die Wechselwirkung mit dem Trog stromaufwärts des ET–Systems ein charakteristisches Merkmal. Die Deformation des Höhentrogs bildet dabei den Ausgangspunkt für die nachfolgende Zonalisierung der Höhenströmung. Die Diagnose mithilfe der stückweisen PV–Inversion aus Abschnitt 6.3 legt die Vermutung nahe, dass die zyklonale Zirkulation des Wirbelsturms dabei eine maßgebliche Rolle spielt (Abb. 6.16(d)). Daher wird im fol-

Experiment	Bodendruck [hPa]	Zeitpunkt [h]
$P5_{rmax160}$	918	108
$P5_{E2}$	939	120
$P5_{rmax50}$	954	156
$P5_{SST26}$	960	132

Tabelle 7.1: Wirbelsturmintensität und Zeitpunkt zu Beginn der ausgeprägten Wechselwirkung in den angegebenen Experimenten.

genden insbesondere die Sensitivität der Trogwechselwirkung bezüglich verschieden starker Wirbelstürmen genauer untersucht.
Die Variation der Wirbelstürme findet analog zum Szenario TRM in Abschnitt 7.1.2 statt. Ihr Druckverlauf ist in Abb. 7.44 dargestellt[1]. Für diese Sensitivitätsstudie betrachten wir das Experiment $P5_{E2}$, da in diesem Fall die Deformation des Trogs besonders stark ist. Die unterschiedlichen Experimente werden als $P5_{E2}$, $P5_{rmax160}$, $P5_{rmax50}$ und $P5_{SST26}$ bezeichnet.
Abbildung 7.45 stellt den 24–stündigen Zeitraum dar, indem die Trogwechselwirkung am stärksten ausgeprägt ist. Am Anfang des betrachteten Zeitraums befindet sich der Wirbelsturm in allen Experimenten westlich der Trogspitze. Tabelle 7.1 stellt diesen Zeitpunkt sowie die Stärke der Wirbelstürme gegenüber. Der Zeitpunkt der Wechselwirkung nimmt dabei ähnlich wie im Szenario TRM mit der Stärke des Wirbelsturms ab. Eine Ausnahme bildete dabei das Experiment $P5_{rmax50}$. Der Druckverlauf in Abb.7.44 zeigt jedoch, dass dieser Sturm in der Anfangsphase des Laufs deutlich schwächer war als der Sturm in $P5_{SST26}$. Stärke Stürme sind hier auch mit einer großskaligeren und stärkeren Outflow–Anomalie verbunden (nicht gezeigt). Die systematischen Unterschiede in der Zuggeschwindigkeit bestätigen die Hypothese aus Kapitel 6, dass in den hier vorgestellten Experimenten die Outflow–Anomalie einen bedeutenden Beitrag zur Bewegung des Wirbelsturms leistet. Die großskaligere Outflow–Anomalie wechselwirkt früher mit dem Strahlstrom und entwickelt dadurch auch früher eine asymmetrische Verteilung bezüglich

1 Der Druckverlauf der Stürme weicht von denen in Szenario TRM ab (vgl. Abb. 7.44 und 7.11), da in den beiden Szenarien ja gerade die Wechselwirkung mit den mittleren Breiten, die sehr stark die Intensitätsänderung der Stürme beeinflusst, unterschiedlich ausgeprägt ist.

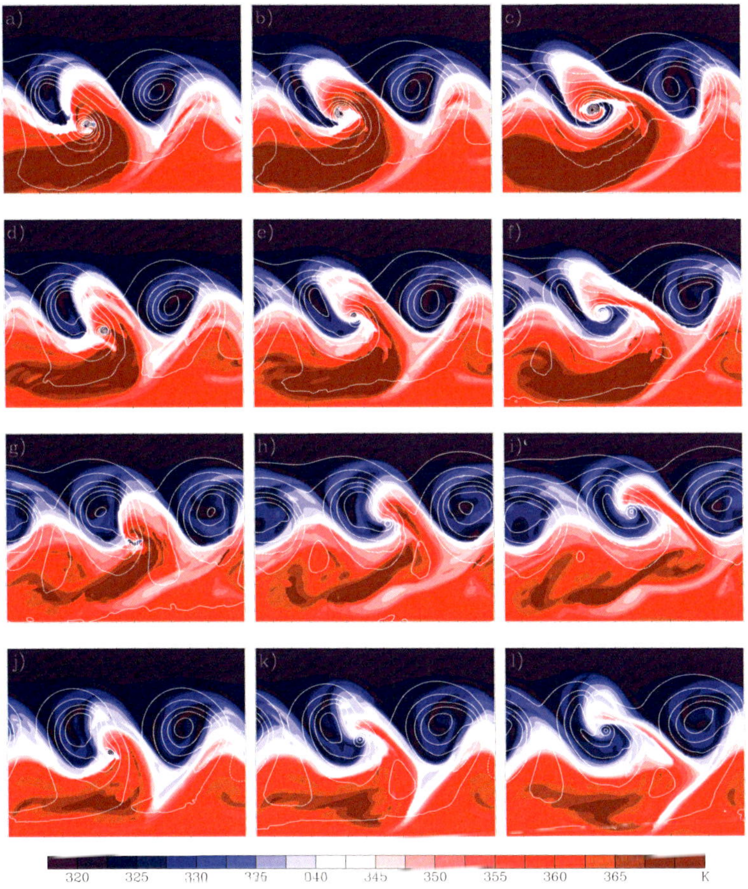

Abbildung 7.45: Wie Abb. 7.38, jedoch für den 24–stündigen Zeitraum der ausgeprägtesten Trogwechselwirkung im Experiment $P5_{rmax160}$ (1. Zeile: (a) 108 h, (b) 120 h und (c) 132 h), $P5_{E2}$ (2. Zeile: (d) 120 h, (e) 132 h und (f) 144 h), $P5_{rmax50}$ (3. Zeile: (g) 156 h, (h) 168 h und (i) 180 h), sowie $P5_{SST26}$ (4. Zeile: (j) 132 h, (k) 144 h und (l) 156 h).

des Sturmzentrums. Nimmt man eine gleiche asymmetrische Verteilung der Outflow–Anomalie an, so liefert eine stärkere Anomalie zudem einen größeren Beitrag zur Bewegung des Wirbelsturms.
Schon in der frühen Phase der Wechselwirkung fällt auf, dass der Trog umso schmäler ist, je stärker der Wirbelsturm ist (erste Spalte in Abb. 7.45). In allen Fällen wird im weiteren Verlauf der Trog zyklonal um den Wirbelsturm herum aufgewickelt. Dabei wird der Trog weiter verschmälert und stärker nach Osten verformt. Bei $P5_{rmax160}$ nimmt der Trog am Ende der betrachteten Zeitspanne ein fast filamentartiges Erscheinungsbild an (Abb. 7.45(c)). Für die schwächeren Stürme $P5_{rmax50}$ und $P5_{SST26}$ bleibt der Trog deutlich kompakter (Abb. 7.45(i) und 7.45(l)). Ein stärkerer Wirbelsturm trägt also eindeutig zu einer stärkeren Deformation des Trogs und damit zur Auflösung des kohärenten Wirbels in Zusammenhang mit der reifen baroklinen Entwicklung bei.
Abschließend wird der Einfluss der verschieden starken Wirbelstürme auf den Bereich stromabwärts durch die Auslenkung der Höhenströmung anhand der Hovmöller–Diagramme quantifiziert. Dabei zeigt sich, dass die Unterschiede zwischen dem ET– und LC–Lauf bei den Läufen mit SST=28°C mit wachsender Sturmstärke zunehmen (Abb. 7.46(a)-7.46(c)).
Das Hovmöller–Diagramm für $P5_{SST26}$ zeigt zum Teil größere Unterschiede als für $P5_{E2}$ (Abb. 7.46(d) und 7.46(b)), obwohl der Wirbelsturm während und nach der Trogdeformation deutlich schwächer ist (Abb. 7.44). Dies lässt sich dadurch erklären, dass der barokline Lebenslauf bei $P5_{SST26}$ langsamer abläuft als in den Experimenten mit SST=28°C. Dadurch ist zu dem Zeitpunkt, bei dem die Zonalisierung einsetzt, die Höhenströmung in $P5_{SST26}$ stärker meridional ausgelenkt (nicht gezeigt) und die Unterschiede zu einer weitgehend zonalen Strömung sind dementsprechend größer. Demnach ist das Ausmaß des Einflusses in diesem Fall nicht nur von der Stärke des Wirbelsturms, sondern auch vom Zustand der mittleren Breiten abhängig.

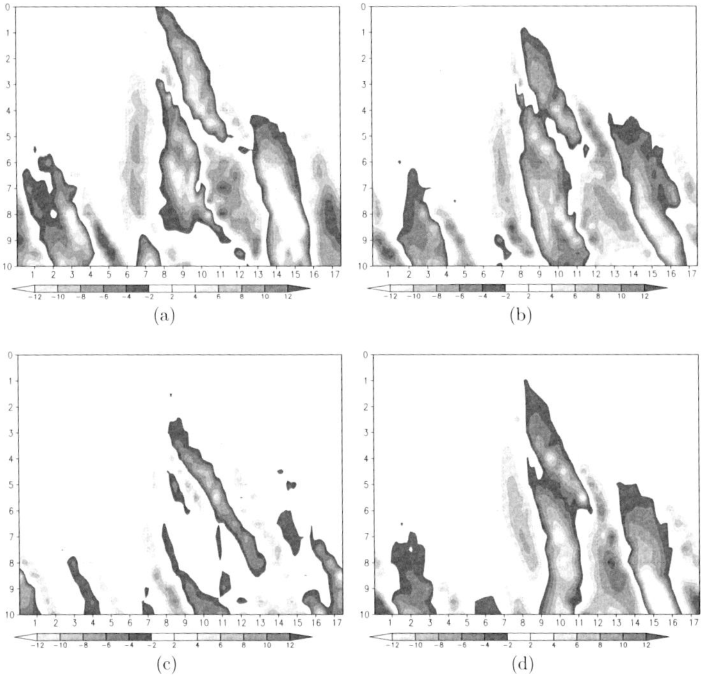

Abbildung 7.46: Hovmöller–Diagramm der Unterschiede zwischen dem ET– und dem LC Lauf der Experimente (a) $P5_{rmax160}$, (b) $P5_{E2}$, (c) $P5_{rmax50}$ und (d) $P5_{SST26}$ (wie Abb. 7.36). Das periodische Hovmöller–Diagramm ist nur einfach dargestellt.

8

Zusammenfassung und Diskussion

Im Rahmen dieser Arbeit wird der Einfluss der außertropischen Umwandlung (*ET*) eines tropischen Wirbelsturms auf das Strömungsmuster der mittleren Breiten anhand numerischer Experimente unter idealisierten Anfangsbedingungen untersucht. Das Hauptaugenmerk der Untersuchung liegt dabei auf dem Bereich stromabwärts des ET–Systems.
Das grundlegende Experiment in dieser Arbeit betrachtet die Wechselwirkung zwischen einem tropischen Wirbelsturm und der am stärksten vereinfachten Darstellung der Strömung in den mittleren Breiten, einem geraden Strahlstrom. Die Hauptmerkmale dieser Wechselwirkung sind die Bildung eines Rücken–Trog–Musters in der Höhenströmung sowie eines lokalen Maximums der Windgeschwindigkeit des Strahlstroms (*Jet Streak*) direkt stromabwärts des ET–Systems. Unterhalb des linken Ausgangsbereichs des Jet Streaks findet die rasche Bildung eines Bodentiefdruckgebiets statt. Das Rücken–Trog–Muster in der Höhe breitet sich stromabwärts aus und regt die Entwicklung einer Reihe weiterer Bodentiefs an. Die zeitliche Entwicklung des Wellenmusters in der Höhenströmung kann als Anregung einer Rossby–Welle durch das ET–System und die nachfolgende Ausbreitung des Wellenzugs interpretiert werden. Um das Zentrum sowie entlang der Kaltfront des ET–Systems findet in diesem Experiment auch ein bedeutender Transport sehr feuchter Luft in die mittleren Breiten statt.
Die Bildung eines PV–Streamers und die Verstärkung des Trogs stromabwärts des ET–Systems sind wesentliche Merkmale dieses Experiments. Sowohl PV–Streamer als auch stark meridional ausgerichtete Höhen-

tröge sind wohlbekannte Vorläufer von Starkniederschlagsereignissen in Südeuropa und im Mittelmeerraum. Die Ergebnisse dieser Arbeit stellen eine dynamische Unterstützung für die klimatologische Beziehung zwischen ET–Systemen und schweren Niederschlagsereignissen (Martius, 2006) dar. Die Rolle des tropischen Wirbelsturms bei der Bildung günstiger Ausgangsbedingungen für die rasche Entwicklung des primären Tiefs stromabwärts des ET–Systems in der hier betrachteten idealisierten Strömungskonfiguration ist vergleichbar mit der Rolle der ausströmenden Luft von Hurrikan Floyd (1987) in der Entwicklung des *Oktober–Orkans* im Jahre 1987 (Hoskins und Berrisford, 1988).

Verwendet man die Ergebnisse dieses Experiments zur Interpretation realer Fälle, so muss man bedenken, dass die Intensität des Modellwirbelsturms an der oberen Grenze der beobachteten Bandbreite liegt, die Langlebigkeit der Outflow–Anomalie durch die Vernachlässigung von Strahlungseffekten überschätzt wird und ihr Einfluss dadurch übermäßig stark ausgeprägt sein könnte. Der geradlinige Strahlstrom stellt darüberhinaus eine Strömungskonfiguration dar, die in der Realität nur selten gegeben ist.

Für die Ausbreitung des Rossby–Wellenzugs spielen die atmosphärischen Bedingungen in den mittleren Breiten eine entscheidende Rolle. Sensitivitätsexperimente zeigen, in Übereinstimmung mit der theoretischen Gruppengeschwindigkeit einer Rossby–Welle an einem barotropen Strahlstrom, für einen stärkeren Strahlstrom auch eine höhere Ausbreitungsgeschwindigkeit sowie eine größere Wellenlänge. Da alle betrachteten Jetprofile dieselbe meridionale Längenskala besitzen, impliziert ein stärkerer Jet auch eine stärkere meridionale Scherung. Vor diesem Hintergrund sind die Ergebnisse dieser Arbeit konsistent mit den Ergebnissen von James (1987), der gezeigt hat, dass die meridionale Scherung eine meridionale Beschränkung der Normalmoden der baroklinen Entwicklung bedeutet und zu einer größeren Wellenlänge der instabilsten Mode führt. Das Primärtief entwickelt sich zudem in einer umso stärker meridional ausgerichteten Höhenströmung, je schwächer der Strahlstrom ist und weist eine stärkere Ausprägung der Charakteristika des antizy-

klonalen Lebenslaufs auf.
Ein weiteres Sensitivitätsexperiment zeigt, dass Feuchtprozesse in den mittleren Breiten einen großen Einfluss auf die Amplitude des Wellenzugs haben. Die Wellenlänge und Gruppengeschwindigkeit des Rossby–Wellenzugs werden jedoch nicht beeinflusst. In einer Studie zur baroklinen Instabilität einer Strömung fanden Emanuel et al. (1987) eine Verringerung der am schnellsten wachsenden Wellenlänge, wenn Feuchtprozesse mitberücksichtigt wurden. Die Tatsache, dass eine Verringerung der Wellenlänge in dieser Arbeit nicht auftritt ist in ein Hinweis darauf, dass die Ausbreitung der Vorderflanke des Rossby–Wellenzugs durch trockene, barotrope Dynamik bestimmt ist. Die Entwicklung stromabwärts findet von oben nach unten statt und der Rossby–Wellenzug stellt die Höhenstörung dar, die die Position der Bodensysteme bestimmt. Die diabatischen Prozesse führen in der nachfolgenden Entwicklung zu einer lokalen Verstärkung der Bodentiefs.
Der Beitrag einzelner Strömungsanteile an der Entwicklung des Wellenmusters in der Höhe wird durch eine stückweise Inversion der potentiellen Vorticity (PV), die durch eine Helmholtz–Aufteilung der Strömung ergänzt wird, quantifiziert. In der Anfangsphase der Wechselwirkung führt nahezu ausschließlich der divergente Anteil der in der Höhe aus dem ET–System ausströmenden Luft (*Outflow*) zur Rückenbildung in den mittleren Breiten. Im späteren Verlauf gewinnt auch die balancierte, zyklonale Strömung in Zusammenhang mit dem sich abschwächenden und umwandelnden tropischen Wirbelsturm einen bedeutenden Anteil am Aufbau des Rückens. Die divergente Strömung spielt weiterhin eine wichtige Rolle, wobei sie allerdings nicht mehr eindeutig der Outflow–Luft zugeordnet werden kann. Die von der Outflow–Anomalie induzierte nicht–divergente, balancierte Strömung trägt dazu bei, dass sich das ET–System und das Wellenmuster in der Höhe über längere Zeit in der gleichen relativen Lage zueinander befinden (*phase-locking*). Darüberhinaus trägt dieser Strömungsanteil bedeutend zur Trogverstärkung stromabwärts und zur Bildung des PV–Streamers bei. Eine barokline Rückkopplung mit bodennahen PV–Anomalien kann bis zur späten Phase der

Wechselwirkung vernachlässigt werden. Ebenso spielt die direkte diabatische Veränderung des PV–Gradienten in den mittleren Breiten keine Rolle beim Aufbau des Rückens.
Die Entwicklung des geraden Strahlstroms stromabwärts des ET–Systems kann als *barokline Entwicklung stromabwärts* (Orlanski und Sheldon, 1995) betrachtet werden, für die der sich umwandelnde Wirbelsturm die anfängliche Störung darstellt. In der vorliegenden Arbeit weist die Entwicklung auf einer Skala von ein bis zwei Wellenlängen eine deutliche Sensitivität bezüglich der Struktur des ET–Systems auf. Orlanski und Chang (1993) zeigen zwar, dass auf lange Sicht die *barokline Entwicklung stromabwärts* von der anfänglichen Störung unabhängig ist, ihre Arbeit betrachtet jedoch nicht die synoptische Skala, auf der hier die Sensitivität beobachtet wird.
Die stückweise PV–Inversion macht deutlich, dass die Zirkulation des ET–Systems über einen längeren Zeitraum einen bedeutenden Anteil an der Entwicklung des Rücken–Trog–Musters hat. Dies steht in deutlichem Gegensatz zu traditionellen Arbeiten zum Anfangswertproblem der baroklinen Entwicklung, in denen die Anfangsstörungen in die Strömung der mittleren Breiten eingebettet sind. Sie unterliegen dabei starker vertikaler und horizontaler Scherung und verlieren schnell ihre anfängliche Struktur. In dieser Arbeit stellt der tropische Wirbelsturm in der frühen Phase der Wechselwirkung eine externe Störung des Strahlstroms dar. Auch wenn der Wirbelsturm im späteren Verlauf in die Strömung der mittleren Breiten miteinbezogen wird, behält er für eine längere Zeit eine kohärente Struktur. In diesem Sinne kann der Wirbelsturm als langlebige, lokale Wellenanregung (*wave maker*) betrachtet werden. Anhand dieser Analogie ist es auch verständlich, warum die Struktur des ET–Systems eine bedeutende Rolle für die Entwicklung stromabwärts spielt. Sowohl in der tropischen als auch in der Transformationsphase von ET sind konvektive Prozesse grundlegend für den Erhalt der kohärenten Struktur. Die korrekte Darstellung und die Vorhersage des ET–Systems ist eine große Herausforderung für die gegenwärtigen numerischen Wettervorhersagesysteme.

Eine barokline Welle stellt im Vergleich zum geraden Strahlstrom eine realistischere, wenngleich auch komplexere Repräsentation der mittleren Breiten dar. Zwei Szenarien mit sehr unterschiedlicher Ausprägung der baroklinen Entwicklung werden untersucht. In einem Szenario wird die barokline Entwicklung durch eine lokale Anfangsstörung angeregt und die Wechselwirkung mit dem tropischen Wirbelsturm findet in der Anfangsphase der Entwicklung statt. Im zweiten Szenario wird eine periodische Anfangsstörung verwendet und die Wechselwirkung findet in der Reifephase der baroklinen Welle statt. Die Veränderungen in der baroklinen Entwicklung, die durch die Wechselwirkung mit dem ET–System auftreten, werden durch den Vergleich des Laufs mit Wirbelsturm (ET–Lauf) mit einem Lauf ohne Wirbelsturm (LC–Lauf) bestimmt. Anhand von Hovmöller–Diagrammen wird der Einfluss auf die Höhenströmung quantifiziert.

Im Szenario der jungen Entwicklung bildet sich, ähnlich wie im Experiment mit dem geraden Strahlstrom, direkt stromabwärts des ET–Systems ein ausgeprägteres Rücken–Trog–Muster und ein stärkerer Jet Streak. Das angrenzende Tiefdruckgebiet stromabwärts entwickelt sich dadurch tiefer und schneller. Dies führt zu einer Verstärkung der Vorderflanke des Rossby–Wellenzugs, mit der sich die *barokline Entwicklung stromabwärts* ausbreitet. Unter dem Einfluss der stärkeren meridionalen Auslenkung der Höhenströmung bilden sich im folgenden auch intensivere Bodentiefs. Die barokline Rückkopplung der stärkeren Bodentiefs, modifiziert durch diabatische Prozesse, ist für die kohärente Ausbreitung des verstärkten Rossby–Wellenzugs in der Höhe von entscheidender Bedeutung.

Neben der Verstärkung der Vorderflanke des Wellenzugs führt im späteren Verlauf des Experiments das Verschmelzen des ET–Systems mit dem Tiefdruckgebiet stromabwärts zu einer Verschiebung der Trog–Rücken–Struktur relativ zum LC–Lauf. Im weiteren Verlauf wirkt sich dies auch auf den zweiten Höhentrog stromabwärts des ET–Systems aus. Die Verschiebung des zweiten Trogs stellt am Ende des Experiments im Hovmöller–Diagramm den größten Unterschied zwischen dem ET– und

dem LC–Lauf dar.
Die intensivere Entwicklung der baroklinen Systeme findet nicht nur durch eine verstärkte Anregung an der Vorderflanke des ausgeprägteren Rossby–Wellenzugs statt. Auch ein Tiefdruckgebiet, das sich unabhängig von dem Rossby–Wellenzug bildet, kann sich in seiner späteren Entwicklung bei der Wechselwirkung mit dem verstärkten Wellenzug schneller vertiefen. Der stärkere Rossby–Wellenzug breitet sich bei der Wechselwirkung über das Bodentief hinweg aus. Die Experimente dieses Szenarios unterstützen demnach die Annahme, dass ein ET–System über mehrere Wellenlängen hinweg die rasche Entwicklung von außertropischen Sturmtiefs im Bereich stromabwärts unterstützen kann.
Neben dem Einfluss auf die barokline Entwicklung findet man in diesem Szenario auch deutliche Hinweise darauf, dass bei der Wechselwirkung mit dem ET–System ein verstärkter meridionaler Feuchtetransport in die mittleren Breiten stattfindet. Zum einen beobachtet man im Bereich des ET–Systems selbst bis in die späte Phase des Experiments ungewöhnlich hohe Feuchtewerte. Aber auch bei den Tiefdruckgebieten, die sich unter dem Einfluss der stärker meridional ausgelenkten Höhenströmung entwickeln, findet man vorderseitig der Kaltfront feuchtere Luft, die zudem weiter polwärts transportiert wird, als dies bei den vergleichbaren Tiefs im LC–Lauf zu beobachten ist.
Im Szenario der reifen baroklinen Entwicklung bilden die Tiefdruckgebiete zusammen mit den aufgerollten Höhentrögen vertikal kohärente, langlebige Wirbel. Die Wechselwirkung mit dem ET–System führt zu einer raschen Auflösung dieser kohärenten Struktur, sowohl durch die Störung der bodennahen Frontenstruktur als auch durch die Deformation und den diabatischen Abbau der Höhenanomalie. Die Auflösung des kohärenten Wirbels führt zu einer deutlich zonaleren Ausrichtung der Höhenströmung im Bereich des ET–Systems. Die fortschreitende Zonalisierung durch sukzessive Deformation der Höhentröge stellt in diesem Szenario den maßgebliche Einfluss auf den Bereich stromabwärts des ET–Systems dar. Im allgemeinen ist der Einfluss auf die barokline Entwicklung in der reifen Entwicklungsphase geringer als in der jungen Pha-

se und konzentriert sich stärker um den Bereich des ET–Systems selbst. Wie auch in den Arbeiten von Ritchie und Elsberry (2007) und Klein et al. (2002) findet man in den hier vorgestellten idealisierten Experimenten eine hohe Sensitivität der Entwicklung des ET–Systems bezüglich der Anfangsposition des Wirbelsturms. Die Sensitivität tritt bei der jungen und reifen baroklinen Entwicklung gleichermaßen auf. Der unterschiedliche Verlauf der ET kann dabei zu einer qualitativen Veränderung der Auswirkungen auf den Bereich stromabwärts führen. Die Entwicklung stromabwärts des ET–Systems hängt demnach auch sensitiv von der anfänglichen Position des Wirbelsturms ab.
Der direkte Einfluss des ET–Systems auf die mittleren Breiten, d.h. die Bildung des Rücken–Trog–Musters bzw. die Deformation des Höhentrogs, ist in allen Szenarien bei einem intensiveren Wirbelsturm stärker ausgeprägt. In der Mehrzahl der Experimente führt der stärkere direkte Einfluss auch zu deutlicheren Veränderungen der baroklinen Entwicklung im weiteren Bereich stromabwärts. Die Experimente zeigen jedoch auch, dass dies nicht immer der Fall sein muss, insbesondere wenn für die Ausbreitung des Einflusses die barokline Rückkopplung eine wichtige Rolle spielt. Die Untersuchung der Sensitivität der Entwicklung stromabwärts des ET–Systems bezüglich der Intensität des anfänglichen Wirbelsturms wird dadurch kompliziert, dass mit der Stärke des Wirbelsturms auch die Zuggeschwindigkeit und damit der zeitliche Ablauf der Wechselwirkung variiert.
Die Ergebnisse der Sensitivitätsexperimente bezüglich der Position und Intensität des Wirbelsturms, unterstützt durch die Diagnose mithilfe der stückweisen PV–Inversion, liefern einen starken Hinweis darauf, dass die richtige Darstellung des ET–Systems auch für die Vorhersage der Entwicklung in den mittleren Breiten stromabwärts der außertropischen Umwandlung von entscheidender Bedeutung ist.

Die hier präsentierte Arbeit zeigt, dass die Veränderung der Höhenströmung im Bereich des ET–Systems den Ausgangspunkt für den weiteren Einfluss auf die Entwicklung stromabwärts darstellt. Die Ergebnisse der numerischen Experimente deuten stark darauf hin, dass die Ausbreitung dieser Störung von der baroklinen Rückkopplung der Bodensysteme sowie diabatischen Effekten abhängt. Barotrope Rossby–Wellendynamik wurde hingegen in vielen anderen Arbeiten als vorherrschender Mechanismus bei Fernwirkungen in der Atmosphäre identifiziert. Die Quantifizierung der relativen Bedeutung der verschiedenen Prozesse stellt einen vielversprechenden Ansatz für zukünftige Arbeiten dar, um die Veränderungen in der baroklinen Entwicklung stromabwärts des ET–Systems besser zu verstehen.

Eine wichtige Fragestellung ist zudem, bei welchen Strömungskonfigurationen die Entwicklung stromabwärts besonders sensitiv auf die Wechselwirkung mit einem ET–System reagiert. Einen Ansatz zur Beantwortung dieser Frage liefert diese Arbeit durch die Beobachtung, dass im frühen Stadium der baroklinen Welle der Einfluss des ET–Systems generell höher ist als im Reifestadium der Entwicklung. Ein besseres Verständnis der Abhängigkeit der Auswirkung auf die mittleren Breiten vom vorherrschenden Strömungsmuster sollte hilfreich sein, um die Unsicherheiten in der numerischen Wettervorhersage, die stromabwärts eines ET–Systems auftreten, besser interpretieren und handhaben zu können.

Eine interessante Weiterführung dieser Arbeit stellt zudem die Quantifizierung des Feuchtetransports in die mittleren Breiten dar. Für die extremen Niederschlagsmengen, die man bei realen ET–Systemen beobachten kann, spielt die Zufuhr feuchter tropischer Luft in die mittleren Breiten eine maßgebliche Rolle. Durch die Integration des Wasserdampftransports über den Lebenslauf der baroklinen Systeme sowie über mehrere Wellenlängen kann man anhand der vorliegenden Modelldaten abschätzen, ob die außertropische Umwandlung tropischer Wirbelstürme auch auf saisonaler und klimatologischer Zeitskala eine Rolle im Feuchtehaushalt der mittleren Breiten spielt.

A

Tabellarische Auflistung der numerischen Experimente

Gerader Strahlstrom

Experiment	Jet_{max} [$m\,s^{-1}$]	$Radius_{ini}$ [km]	ausgeschaltete Parametrisierung
RE	40	120	–
SJET	53	120	–
WJET	27	120	–
DRY	40	120	Mikrophysik und Konvektion nach 120 h im äußeren Gebiet
KTC	40	50	–
DRY_OFF	40	120	Mikrophysik und Konvektion nach 120 h in beiden Gebieten

Tabelle A.1: Überblick über die numerischen Experimente mit geradem Strahlstrom. Die Experimente unterscheiden sich in der Stärke des Strahlstroms (Jet_{max}), dem Radius der Anfangsstörung beim Hochfahren des Wirbelsturms ($Radius_{ini}$) sowie dem Abschalten der Parametrisierungen der Feuchtprozesse im Laufe des Experiments.

Junge barokline Entwicklung

Experiment	Anfangsposition südlich der Jetachse [km]	SST [°C]	$Radius_{ini}$ [km]
TRM_{ref}	1320	28	120
TRM_{S1}	1680	28	120
TRM_{S2}	2040	28	120
TRM_{SST26}	1320	26	120
TRM_{rmax50}	1320	28	50
$TRM_{rmax160}$	1320	28	160
TRM_{dsTief}	1320	28	120

Tabelle A.2: Überblick über die numerischen Experimente des Szenarios TRM. Die Experimente unterscheiden sich in der meridionalen Anfangsposition des Wirbelsturms, der SST sowie dem Radius der Anfangsstörung beim Hochfahren des Wirbelsturms ($Radius_{ini}$).

Reife barokline Entwicklung

Experiment	Verschiebung der Anfangsposition bzgl. $P5_{ref}$	SST [°C]	$Radius_{ini}$ [km]
$P5_{ref}$	–	28	120
$P5_{W1}$	360 km nach Westen	28	120
$P5_{E1}$	360 km nach Osten	28	120
$P5_{E2}$	720 km nach Osten	28	120
$P5_{E3}$	1080 km nach Osten	28	120
$P5_{SST26}$	720 km nach Osten	26	120
$P5_{rmax50}$	720 km nach Osten	28	50
$P5_{rmax160}$	720 km nach Osten	28	160

Tabelle A.3: Überblick über die numerischen Experimente des Szenarios P5. Die Experimente unterscheiden sich in der zonalen Anfangsposition des Wirbelsturms, der SST sowie dem Radius der Anfangsstörung beim Hochfahren des Wirbelsturms ($Radius_{ini}$).

B

Szenario P5: LC–Lauf

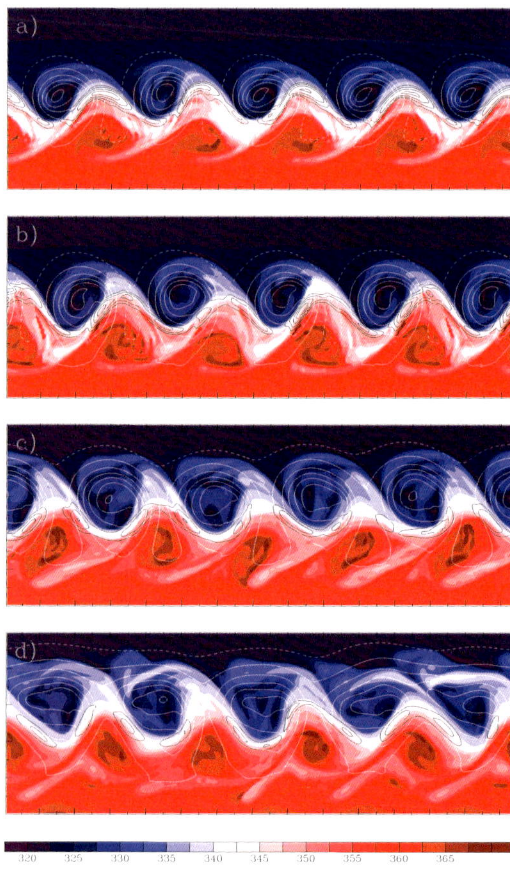

Abbildung B.1: Wie Abb. 7.33, jedoch für den LC–Lauf des Experiments $P5_{ref}$.

C

Definition der PV–Anomalien

Die PV–Anomalien sind als Abweichungen der PV–Verteilung des Experiments RE von der eines Modellaufs ohne tropischen Wirbelsturm definiert. Ohne den tropischen Wirbelsturm bleibt der Strahlstrom und die damit verbundene barokline Zone bis 180 h fast vollständig zonal, so dass die Anomalien weitgehend als Abweichungen von einem zonalen Grundzustand betrachtet werden können. Der Vergleichslauf wird in der Definition der Anomalien verwendet, um den Einfluss der Bodenwärmeflüsse auf die bodennahe Temperaturverteilung und damit auch auf die Stabilität der Schichtung zu berücksichtigen.
Um das Zentrum des Wirbelsturms wird ein höhenabhängiger Radius vorgegeben, innerhalb dessen die positiven PV–Anomalien als TCcore definiert werden. Der Radius ist in den unteren Schichten größer (920-770 hPa: 900 km, 720-370 hPa: 300 km, 320-170 hPa: 240 km, 120 hPa: 180 km, 70 hPa: 300 km), um die sich im späteren Verlauf an der Warmfront entwickelnde Anomalie mit in TCcore einzubeziehen. Die negative Anomalie TCout befindet sich im wesentlichen oberhalb 270 hPa und definiert sich über PV–Anomalien, die einen gegebenen Schwellenwert unterschreiten. Dieser Schwellenwert lässt sich aufgrund des ausgeprägten PV–Gradienten zwischen der Outflow–Schicht und der einheitlichen PV–Verteilung der Umgebung einfach bestimmen[1]. Die restlichen Anomalien, die nicht mit dem tropischen Wirbelsturm zusammenhängen, werden in eine Höhenanomalie (UP, oberhalb 650 hPa) aufgeteilt, die das Rücken–Trog–Muster repräsentiert, sowie in die Anomalie der unteren

1 270 hPa: 0.4 PVU, 220 hPa: 0.4 PVU, 170 hPa: 0.8 PVU, 120 hPa: 2.5 PVU, 70 hPa: 6 PVU

Schichten (LOW, auf und unterhalb 650 hPa), die auch die Temperaturanomalien am unteren Rand beinhaltet. Zu Beginn der Wechselwirkung lassen sich die Anomalien, die mit dem Wirbelsturm verbunden sind, klar erkennen. Strömt während der Wechselwirkung Outflow–Luft in den sich aufbauenden Rücken, kommt es zu einer lokalen Überlagerung von TCout und UP. In diesem Gebiet wird TCout durch einen mittleren Wert der Outflow–Anomalie südlich des Jets repräsentiert. Zieht man diesen Wert von der Gesamtanomalie in diesem Gebiet ab, so trägt der verbleibende Anteil in diesem Bereich zur Höhenanomalie UP bei. Die so erhaltenen Anomalien UP und TCout besitzen ein gleichmäßiges Erscheinungsbild, so dass das verwendete Verfahren als verlässlich betrachtet werden kann.

Durch die teilweise räumliche Überlappung der Anomalien TCout und UP besteht für die näherungsweise lineare Überlagerung der Windfelder keine theoretische Grundlage mehr. Bei 156 h ist die Überlagerung am stärksten ausgeprägt und für diesen Zeitpunkt wird die Gültigkeit der linearen Überlagerung explizit betrachtet. Die Unterschiede, die zwischen dem Windfeld, das durch die Summe der Anomalien induziert wird, und der Summe der Windfelder der einzelnen Anomalien auftreten, ist auf den Bereich beschränkt, in dem sich die Anomalien überlagern (Abb. C.1(a)). Die Unterschiede betragen bis zu $6\,\mathrm{m\,s^{-1}}$ und entsprechen damit $\sim$10 % der gesamten Windgeschwindigkeit. Für eine analoge Untersuchung der Anomalien TCout und TCcore traten Unterschiede von $\sim 0.5\,\mathrm{m\,s^{-1}}$ auf (nicht gezeigt). Abweichungen in der meridionalen Advektion von θ auf der Tropopause erreichen Werte, die mit der Advektion durch das ET–System alleine vergleichbar sind, treten jedoch fast ausschließlich an der Ostflanke des Rückens auf (Abb. C.1(b), vgl. 6.15(a)). Die Ergebnisse dieser Arbeit, insbesondere auch die Rolle der Outflow–Anomalie in der Trogbildung, werden durch die räumlich begrenzte Überlagerung der Anomalien TCout und UP nicht beeinträchtigt.

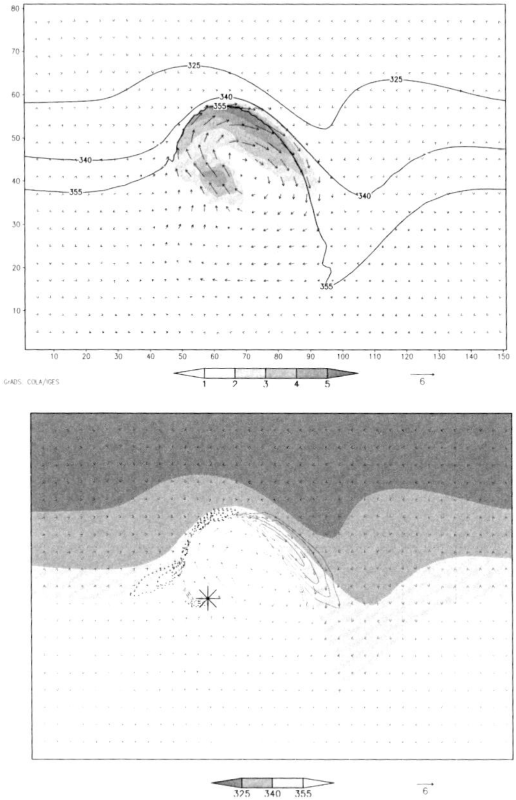

Abbildung C.1: Abbildung zum Vergleich zwischen der PV–Inversion der Summe der Anomalien TCout und UP und der Summe der einzelnen Inversionen von TCout und UP. (a) Unterschied in der Windrichtung (Pfeile) und –geschwindigkeit (schattiert, in m s^{-1} und (b) Unterschied in der meridionalen Advektion von θ (Konturlinien, 2, 4, 8, 16 K $s^{-1} \times 10^{-5}$), beides auf 2 PVU. Die Konturlinien in (a) und die Graustufen in (b) zeigen die Verteilung von θ auf der Tropopause (2 PVU).

D

Details zur Initialisierung

Im folgenden wird die Struktur der anfänglichen Störungen, die zum Hochfahren des Wirbelsturms sowie zur Anregung der baroklinen Entwicklung verwendet werden, detailliert beschrieben. In beiden Fällen modifizieren die Stärke, Größe und vertikale Ausdehnung der Anfangsstörung die weitere Entwicklung. Die genaue radiale Abhängigkeit der Windprofile spielt keine maßgebliche Rolle und wird hier nur der Vollständigkeit halber angegeben.

D.1 Anfängliche Störung zum Hochfahren des Wirbelsturms

Zum Hochfahren des Wirbelsturms wird als anfängliche Störung das Windfeld eines baroklinen, axialsymmetrischen Wirbels mit maximaler Windgeschwindigkeit am Boden vorgegeben. Das dazugehörige Geopotential wird über die Gradientwindbalance berechnet. Das radiale Profil des tangentialen Windes ist gegeben durch

$$v_{tan}(r) = \frac{a \cdot v_{max} \frac{r}{r_{max}} \left[1 + b \left(\frac{r}{r_{max}}\right)^4\right]}{\left[1 + c \left(\frac{r}{r_{max}}\right)^2 + d \left(\frac{r}{r_{max}}\right)^6\right]^2}, \qquad \text{(D.1)}$$

mit $a = 1.78803$, $b = 4.74736 \times 10^{-3}$, $c = 0.339806$ und $d = 5.37727 \times 10^{-4}$. Die maximale Windgeschwindigkeit ist $v_{max} = 15\,\mathrm{m\,s^{-1}}$ und soweit nicht anders angegeben ist $r_{max} = 120\,\mathrm{km}$. Das radiale Windprofil ist an das *broad vortex*–Profil von Smith et al. (1990) angelehnt und zur

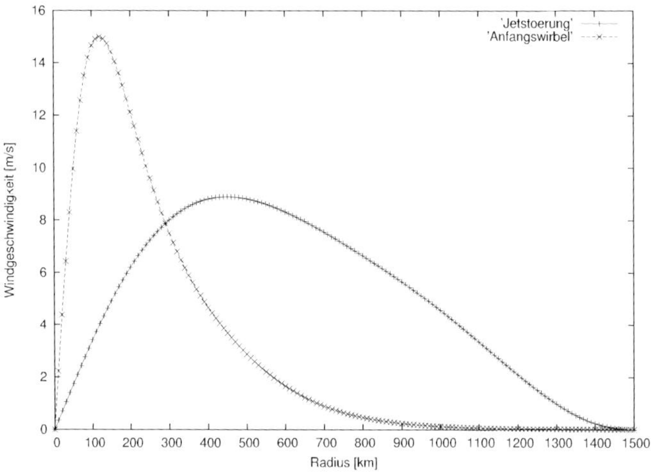

Abbildung D.1: Illustration des radialen Windprofil der Anfangsstörung zur Anregung der baroklinen Entwicklung ('Jetstoerung') sowie des anfänglichen Wirbels zum Hochfahren des Wirbelsturms ('Anfangswirbel').

Illustration in Abb. D.1 abgebildet.

Die vertikale Struktur des Wirbels ist gegeben durch

$$v_{tan}(r, Z) = v_{tan}(r) \cdot cos\left(\frac{\pi}{2}\frac{Z}{Z_T}\right) . \quad \text{(D.2)}$$

Die Vertikalkoordinate Z entspricht dabei der geopotentiellen Höhe. Die maximale Höhe des Wirbels ist

$$Z_T = 0.4225 \cdot Z_{top} , \quad \text{(D.3)}$$

wobei

$$Z_{top} = \frac{T_0}{\gamma}\left[1 - \left(\frac{p_0}{p_{top}}\right)^{-\frac{R_d\gamma}{g}}\right] \quad \text{(D.4)}$$

eine Abschätzung der geopotentiellen Höhe des Modelloberrands (~24 km bei p_{top} = 20 hPa) ist. Es ist dabei p_0=1000 hPa der Referenzbodendruck, T_0=301.15 K die Referenzbodentemperatur, g=9.81 m s^2 die Schwerebeschleunigung, R_d=287.04 J kg^{-1} K^{-1} die Gaskonstante der trockenen Luft und $\gamma = 6.5 \times 10^{-3}\,\mathrm{K\,m^{-1}}$ der vertikale Temperaturgradient der Standardatmosphäre.

D.2 Anfangsstörungen für die barokline Entwicklung

Für die Anregung der baroklinen Entwicklung wird ebenfalls ein axialsymmetrischer Wirbel in Gradientwindbalance verwendet, der über das Windfeld definiert wird. Das radiale Profil des tangentialen Windes orientiert sich ebenfalls am *broad vortex*–Profil von Smith et al. (1990) und ist gegeben durch

$$v_{tan}(r) = \Psi_0 \cdot \frac{2 \cdot a \frac{r}{r_{max}^2} + 6 \cdot b \frac{r^5}{r_{max}^6}}{\left[1 + a\left(\frac{r}{r_{max}}\right)^2 + b\left(\frac{r}{r_{max}}\right)^6\right]^2} \cdot \left\{1 - exp\left[-\frac{(r - r_{cut})^2}{r_{wid}^2}\right]\right\}, \tag{D.5}$$

mit $a = 0.3398$ und $b = 5.377 \times 10^{-4}$, sowie $r_{wid} = 350\,\mathrm{km}$ und $r_{max} = 450\,\mathrm{km}$. Da der Wirbel eine lokale Störung des Strahlstroms darstellen soll, enthält Glg. D.5 im Vergleich zu Glg. D.1 einen Zusatzterm, der den Wirbel horizontal auf den Radius r_{cut} begrenzt (Jones, 1995). Das radiale Windprofil ist zur Veranschaulichung in Abb. D.1 für $r_{cut} = 1500\,\mathrm{km}$ und $\Psi_0 = \Psi_{00} \equiv 10524\,\mathrm{m^2\,s^{-1}}$ dargestellt.
Die vertikale Struktur der Störung ist gegeben durch

$$v_{tan}(r, z) = v_{tan}(r) \cdot exp\left[-\left(\frac{z - z_{max}}{L_Z}\right)^2\right] \tag{D.6}$$

mit der Pseudohöhe

$$z = \frac{c_p T_0}{g}\left[1 - \left(\frac{p}{p_0}\right)^\kappa\right] \tag{D.7}$$

als Vertikalkoordinate und z_{max} bezeichnet die Höhe der maximalen Amplitude. Dabei sind c_p=$1005.7\,\mathrm{J\,kg^{-1}\,K^{-1}}$ und $\kappa = \frac{R_d}{c_p}$.

Im folgenden werden für die entsprechenden Experimente die Parameter und Positionen der Anfangsstörungen aufgeführt. Dabei beschreiben i,

j die zonale bzw. meridionale Gitterpunktskoordinate. Der Gitterpunkt (1,1) liegt dabei in der südwestlichen Ecke des Integrationsgebiets.

Barokline Wellen im zonalen Kanal (Kap. 5)

In gleichmäßigen zonalen Abständen sind 5 identische Anfangsstörungen auf der Jetachse zentriert. Das Maximum der Störungen liegt dabei am Boden. Die zonalen Koordinaten sind $i_1 = 30$, $i_2 = 89$, $i_3 = 148$, $i_4 = 207$ und $i_5 = 266$ und die weiteren Parameter $\Psi_0 = 0.33 \cdot \Psi_{00}$, r_{cut}=1500 km und L_Z=4000 m.

Szenario TRM (Kap. 7.1)

Die Anfangsstörung für dieses Szenario setzt sich aus 3 einzelnen Wirbeln zusammen, einem antizyklonalen und zwei zyklonalen Wirbeln. Alle drei Störungen besitzen ihre maximale Amplitude in der Höhe des Maximums des Strahlstroms mit r_{cut}=2500 km und L_Z=8000 m. Die Antizyklone befindet sich etwas nördlich, die Zyklonen etwas südlich der Jetachse.

Anticyclone: $\Psi_0 = 2 \cdot \Psi_{00}$, i=75, j=88
Zyklone 1: $\Psi_0 = \Psi_{00}$, i=50, j=70
Zyklone 2: $\Psi_0 = 1.33 \cdot \Psi_{00}$, i=98, j=69

Die Wirbelstürme in diesem Szenario werden zu Beginn jeweils bei der zonalen Gitterpunktskoordinate i=135 eingesetzt.

Experiment TRM_{dsTief} (Kap. 7.1.5)

Wie TRM, jedoch mit einer zusätzlichen Störung, die auf der Jetachse zentriert ist und das Maximum am Boden besitzt. Die Störung ist zentriert um i=240 mit L_Z=4000 m, r_{cut}=1500 km und $\Psi_0 = 0.165 \cdot \Psi_{00}$.

Szenario P5 (Kap.7.2)

Siehe *Barokline Wellen im zonalen Kanal*, jedoch mit $\Psi_0 = \Psi_{00}$.
Die Wirbelstürme in diesem Szenario werden zu Beginn jeweils bei der zonalen Gitterpunktskoordinate j=52 eingesetzt.

Literatur

Adamson, D. S., S. E. Belcher, B. J. Hoskins und R. S. Plant (2006). Boundary-layer friction in midlatitude cyclones. *Quart. J. Roy. Meteorol. Soc. 132*, 101–124.

Agustí-Panareda, A., S. L. Gray, C. D. Thorncroft und G. C. Craig (2005). The extratropical transition of tropical cyclone Lili (1996) and its crucial contribution to a moderate extratropical development. *Mon. Weather Rev. 133*, 1562–1573.

Agustí-Panareda, A., C. D. Thorncroft, G. C. Craig und S. L. Gray (2004). The extratropical transition of hurricane Irene (1999): A potential-vorticity perspective. *Q. J. R. Meteorol. Soc. 130*, 1047–1074.

Ahmadi-Givi, F., G. C. Craig und R. S. Plant (2004). The dynamics of a midlatitude cyclne with very strong latent-heat release. *Q. J. R. Meteorol. Soc. 130*, 295–323.

Atallah, E. H. und L. F. Bosart (2003). The extratropical transition and precipitation distribution of hurricane Floyd (1999). *Mon. Wea. Rev. 131*, 1063–1081.

Avila, L. A. (2004). Tropical cyclone report hurricane Juan 24-29 September 2003. Techn. Ber., National Hurricane Center.

Balasubramanian, G. und S. T. Garner (1997a). The equilibration of short baroclinic waves. *J. Atmos. Sci. 54*, 2850–2871.

Balasubramanian, G. und S. T. Garner (1997b). The role of momentum fluxes in shaping the life cycle of a baroclinic wave. *J. Atmos. Sci. 54*, 510–533.

Betts, A. K. und M. J. Miller (1993). The Betts-Miller scheme. *The Representation of Cumulus Convection in Numerical Models*, (Hrsg.) K. A. Emanuel und D. J. Raymond, Meteorological Monographs, Kap. 9. Amer. Meteor. Soc., 107–121.

Bosart, L. F. und F. H. Carr (1978). A case study of excessive rainfall centered around Wellsville, New York, 20–21 June 1972. *Mon. Weather Rev. 106*, 348–362.

Bosart, L. F. und G. M. Lackmann (1995). Postlandfall tropical cyclone reintensification in a weakly baroclinic environment: A case study of hurricane david (September 1979). *Mon. Wea. Rev. 123*, 3268–3291.

Branscome, L. E., W. J. Gutowski und D. Stewart (1989). Effect of surface fluxes on the nonlinear development of baroclinic waves. *J. Atmos. Sci. 46*, 460–475.

Bretherton, F. P. (1966). Critical layer instability in baroclinic flows. *Quart. J. Roy. Meteorol. Soc. 92*, 325–334.

Browning, K. A. (1990). Organization of clouds and precipitation in extratropical cyclones. *Extratropical Cyclones*, (Hrsg.) C. W. Newton und E. O. Holopainen, The Erik Palmén Memorial Volume, Kap. 5. Amer. Meteor. Soc., 129–153.

Browning, K. A., G. Vaughan und P. Panagi (1998). Analysis of an ex-tropical cyclone after its reintensification as a warm-core extratropical cyclone. *Q. J. R. Meteorol. Soc. 124*, 2329–2356.

Bush, A. B. G. und W. R. Peltier (1994). Tropopause folds and synoptic-scale baroclinic wave life cycles. *J. Atmos. Sci. 51*, 1581–1604.

Charney, J. G. (1947). The dynamics of long waves in a baroclinic westerly current. *J. Meteorol. 4*, 125–162.

Charney, J. G. (1955). The use of primitive equations of motion in numerical prediction. *Tellus 7*, 22–26.

Craig, G. C. (1996). Numerical experiments on radiation and tropical cyclones. *Q. J. R. Meteorol. Soc. 122*, 415–422.

Davies, H. C., C. Schär und H. Wernli (1991). The palette of fronts and cyclones within a baroclinic wave development. *J. Atmos. Sci. 48*, 1666–1689.

Davis, C. A. (1992). Piecewise potential vorticity inversion. *J. Atmos. Sci. 49*, 1397–1411.

Davis, C. A. und K. A. Emanuel (1991). Potential vorticity diagnostic of cyclogenesis. *Mon. Wea. Rev. 119*, 1929–1953.

Davis, C. A., E. D. Grell und M. A. Shapiro (1996). The balanced dynamical nature of a rapidly intensifying oceanic cyclone. *Mon. Wea. Rev. 124*, 3–26.

Eady, E. T. (1949). Long waves and cyclone waves. *Tellus 1*, 33–52.

Emanuel, K. A. (1988). The maximum itensity of hurricanes. *J. Atmos. Sci. 45*, 1143–1155.

Emanuel, K. A. (2003). Tropical cyclones. *Ann Rev. Earth Planet. Sci. 31*, 75–104.

Emanuel, K. A., M. Fantini und A. J. Thorpe (1987). Baroclinic instability in an environment of small stability to slantwise moist convection. part I: Two-dimensional models. *J. Atmos. Sci. 44*, 1599–1573.

Ertel, H. (1942). Ein neuer hydrodynamischer Wirbelsatz. *Met. Zeitschrift 59*, 271–281.

Fantini, M. (1990). The influence of heat and moisture fluxes from the ocean on the development of baroclinic waves. *J. Atmos. Sci. 47*, 840–855.

Farrell, B. (1982). The initial growth of disturbances in a baroclinic flow. *J. Atmos. Sci. 39*, 1663–1686.

Farrell, B. (1984). Modal and non-modal baroclinic waves. *Tellus 41*, 668–678.

Ferreira, R. N. und W. H. Schubert (1999). The role of tropical cyclones in the formation of tropical upper-tropospheric troughs. *J. Atmos. Sci. 56*, 2891–2907.

Fleagle, R. G. und W. A. Nuss (1985). The distribution of surface fluxes and boundary layer divergence in midlatitude ocean storms. *J. Atmos. Sci. 42*, 784–799.

Frank, N. und S. Husain (1971). The deadliest tropical cyclone in history? *Bull. Am. Meteorol. Soc. 52*, 438–444.

Frank, W. M. und E. A. Ritchie (1999). Effects of environmental flow upon tropical cyclone structure. *Mon. Wea. Rev. 127*, 2044–2061.

Frank, W. M. und E. A. Ritchie (2001). Effects of vertical wind shear on the intensity and structure of numerically simulated hurricanes. *Mon. Wea. Rev. 129*, 2249–2269.

Gall, R. L. (1976a). A comparison of linear baroclinic instability theory with the eddy statistics of a general circulation model. *J. Atmos. Sci. 33*, 349–373.

Gall, R. L. (1976b). The effects of released latent heat in growing baroclinic waves. *J. Atmos. Sci. 33*, 1686–1701.

Gall, R. L. (1976c). Structural changes of growing baroclinic waves. *J. Atmos. Sci. 33*, 374–390.

Grell, G. A., J. Dudhia und D. R. Stauffer (1995). A description on the fifth-generation PennState/NCAR mesoscale model (MM5). Techn. Ber., NCAR. TN-398+STR.

Gutowski, W. J., L. E. Branscome und D. A. Stewart (1992). Life cycles of moist baroclinic waves. *J. Atmos. Sci. 49*, 306–319.

Hakim, G. J., L. F. Bosart und D. Keyser (1995). The Ohio valley wave-merger cyclogenesis event of 25-26 January 1978. part I: Multi-scale case study. *Mon. Wea. Rev. 123*, 2663–2692.

Harr, P. A., D. Anwender und S. C. Jones (2006). Predictability associated with the downstream impacts of the extratropical transition of tropical cyclones. *Preprints 27th Conference on Hurricanes and Tropical Meteorology, 24–28 April.* AMS, Monterey, California, USA.

Harr, P. A. und R. L. Elsberry (2000). Extratropical transition of tropical cycloness over the western North Pacific. part I: Evolution of structural characteristics during the transition process. *Mon. Wea. Rev. 128*, 2613–2633.

Henderson, J. M., G. M. Lackmann und J. R. Gyakum (1999). An analysis of hurricane Opal's forecast track errors using quasigeostrophic potential vorticity inversion. *Mon. Wea. Rev. 127*, 292–307.

Hines, K. M. und C. R. Mechoso (1991). Frontogenesis processes in the middle and upper troposphere. *Mon. Weather Rev. 119*, 1225–1241.

Hoskins, B. J. (1990). Theory of extratropical cyclones. *Extratropical Cyclones*, (Hrsg.) C. W. Newton und E. O. Holopainen, The Erik Palmén Memorial Volume, Kap. 5. Amer. Meteor. Soc., 63–80.

Hoskins, B. J. und P. Berrisford (1988). A potential vorticity view of the storm of 15-16 October 1987. *Weather 43*, 122–129.

Hoskins, B. J., M. E. McIntyre und A. W. Robertson (1985). On the use and significance of isentropic potential vorticity maps. *Q. J. R. Meteorol. Soc. 111*, 877–946.

Hoskins, B. J. und N. V. West (1979). Baroclinic waves and frontogenesis. part ii: Uniform potential vorticity jet flows – cold and warm fronts. *J. Atmos. Sci. 36*, 1663–1680.

James, I. N. (1987). Suppression of baroclinic instability in horizontally sheared flows. *J. Atmos. Sci. 44*, 3710–3720.

Joly, A. und A. J. Thorpe (1989). Warm and occluded fronts in two-dimensional moist baroclinic instability. *Quart. J. Roy. Meteorol. Soc. 115*, 513–534.

Jones, S. C. (1995). The evolution of vortices in vertical shear. I: Initially barotropic vortices. *Quart. J. Roy. Meteorol. Soc. 121*, 821–851.

Jones, S. C. (2000). The evolution of vortices in vertical shear. III: Baroclinic vortices. *Quart. J. Roy. Meteorol. Soc. 126*, 3161–3185.

Jones, S. C. (2002). *The dynamics of tropical cylcones in vertical shear and of their extratropical transition.* Habilitationsschrift, Universität München.

Jones, S. C., P. A. Harr, J. Abraham, L. F. Bosart, P. J. Bowyer, J. L. Evans, D. E. Hanley, B. N. Hanstrum, R. E. Hart, F. Lalaurette, M. R. Sinclair, R. K. Smith und C. Thorncroft (2003). The extratropical transition of tropical cyclones: Forecast challenges, current understanding, and future directions. *Wea. Forecasting 18*, 1052–1092.

Jordan, C. L. (1958). Mean soundings for the West Indies area. *J. Meteorol. 15*, 91–97.

Kain, J. S. (2004). The Kain-Fritsch convective parameterization: An update. *J. Appl. Meteor. 43*, 170–181.

Kain, J. S. und J. M. Fritsch (1993). Convective parameterization for mesoscale models: The Kain-Fritsch scheme. *The Representation of Cumulus Convection in Numerical Models*, (Hrsg.) K. A. Emanuel und D. J. Raymond, Meteorological Monographs, Kap. 16. Amer. Meteor. Soc., 165–170.

Kimball, S. K. und J. L. Evans (2002). Idealized numerical simulations of hurricane-trough interaction. *Mon. Wea. Rev. 130*, 2210–2227.

Klein, P. M., P. A. Harr und R. L. Elsberry (2000). Extratropical transition of western North Pacific tropical cyclones: An overview and conceptual model of the transformation stage. *Wea. Forecasting 15*, 373–395.

Klein, P. M., P. A. Harr und R. L. Elsberry (2002). Extratropical transition of western North Pacific tropical cycloness: Midlatitude and tropical cyclone contributions to reintensification. *Mon. Wea. Rev. 130*, 2240–2259.

Knabb, R. D., J. R. Rhome und D. P. Brown (2006). Tropical cyclone report hurricane Katrina 23-30 August 2005. Techn. Ber., National Hurricane Center.

Kucharski, F. und A. J. Thorpe (2001). The influence of transient upper-level growth on the development of baroclinic waves. *Quart. J. Roy. Meteorol. Soc. 127*, 835–844.

Kuo, Y.-H., R. J. Reed und S. Low-Nam (1991). Effects of surface energy fluxes during the early development and rapid intensification stages of seven explosive cyclones in the Western Atlantic. *Mon. Wea. Rev. 119*, 457–476.

Liu, Y., D.-L. Zhang und M. K. Yau (1997). A multiscale numerical study of hurricane Andrew (1992). Part I: Explicit simulation and verification. *Mon. Wea. Rev. 125*, 3073–3093.

Lynch, P. (1989). Partitioning the wind in a limited domain. *Mon. Weather Rev. 117*, 1492–1500.

Martius, O. (2006). *Climatological aspects of wave disturbances on the tropopause and links to extreme weather in Europe*. Dissertation, ETH Zürich. Dissertation Nr. 16152.

McTaggart-Cowan, R., J. R. Gyakum und M. K. Yau (2001). Sensitivity testing of extratropical transition using potential vorticity inversions to modify initial conditions: Hurricane Earl case study. *Mon. Wea.*

Rev. 129, 1617–1636.

Merrill, R. T. (1988). Characteristics of the upper-tropospheric enviromental flow around hurricanes. *J. Atmos. Sci. 45*, 1665–1677.

Morgan, M. C. und J. W. Nielsen-Gammon (1998). Using tropopause maps to diagnose midlatitude weather systems. *Mon. Weather Rev. 126*, 2555–2579.

Nielsen-Gammon, J. W. und R. J. Lefevre (1996). Piecewise tendency diagnostic of dynamical processes governing the development of an upper-tropospheric trough. *J. Atmos. Sci. 53*, 3120–3142.

Nuss, W. A. (1989). Air-sea interaction influences on the structure and intensification of an idealized marine cyclone. *Mon. Weather Rev. 117*, 351–369.

Orlanski, I. und E. K. M. Chang (1993). Ageostrophic geopotential fluxes in downstream and upstream development of baroclinic waves. *J. Atmos. Sci. 50*, 212–225.

Orlanski, I. und J. J. Katzfey (1991). The life cycle of a cyclone wave in the southern hemisphere. part I: Eddy energy budget. *J. Atmos. Sci. 48*, 1972–1998.

Orlanski, I. und J. P. Sheldon (1993). A case of downstream baroclinic development over western North America. *Mon. Weather Rev. 121*, 2929–2950.

Orlanski, I. und J. P. Sheldon (1995). Stages in the energetics of baroclinic systems. *Tellus 47A*, 605–628.

Palmén, E. (1958). Vertical circulation and release of kinetic energy during the development of hurricane hazel into an extratropical storm. *Tellus 10*, 1–23.

Pedlovski, J. (1964). An initial value problem in the theory of baroclinic instability. *Tellus 16*, 12–17.

Petterssen, S. und S. Smebye (1971). On the development of extratropical cyclones. *Quart. J. Roy. Meteorol. Soc. 97*, 457–482.

Pomroy, H. R. und A. J. Thorpe (2000). The evolution and dynamical role of reduced upper-tropospheric potential vorticity in intensive observing period one of FASTEX. *Mon. Weather Rev. 128*, 1817–1834.

Rappin, E. D., M. C. Morgan und G. J. Tripoli (2004). The tropical cyclone - jet interaction. *Preprints 26th Conference on Hurricanes and Tropical Meteorology, 3-7 May.* AMS, Miami, Florida, USA, 497–498.

Reasor, P. D., M. T. Montgomery und L. D. Grasso (2004). A new look at the problem of tropical cyclones in vertical shear flow: Vortex resiliency. *J. Atmos. Sci. 61*, 3–22.

Reisner, J., R. M. Rasmussen und R. T. Bruintjes (1998). Explicit forecasting of supercooled liquid water in winter storms using the MM5 mesoscale model. *Q. J. R. Meteorol. Soc. 124*, 1071–1107.

Ritchie, E. A. und R. L. Elsberry (2003). Simulations of the extratropical transition of tropical cyclones: Contribution by the midlatitude upper-level trough to reintensification. *Mon. Wea. Rev. 131*, 2112–2128.

Ritchie, E. A. und R. L. Elsberry (2007). Simulations of the extratropical transition of tropical cyclones: Phasing between the upper-level trough and tropical cyclones. *Mon. Wea. Rev.* Angenommen zur Veröffentlichung

Rogers, R., S. Chen, J. Tenerelli und H. Willoughby (2003). A numerical study of the impact of vertical shear on the distribution of rainfall in hurricane Bonnie (1998). *Mon. Wea. Rev. 131*, 1577–1599.

Röbcke, M., S. C. Jones und D. Majewski (2004). The extratropical transition of hurricane Erin (2001): A potential vorticity perspective. *Met. Zeitschrift 13*, 511–525.

Schwierz, C., S. Dirren und H. C. Davies (2004). Forced waves on a zonally aligned jet. *J. Atmos. Sci. 61*, 73–87.

Shapiro, L. J. und J. L. Franklin (1995). Potential vorticity in hurricane Gloria. *Mon. Weather Rev. 123*, 1465–1475.

Shapiro, M. A. und P. J. Kennedy (1981). Research aircraft measurements of jet stream geostrophic and ageostrophic winds. *J. Atmos. Sci. 38*, 2642–2652.

Shapiro, M. A. und D. Keyser (1990). Fronts, jet stream, and the tropopause. *Extratropical Cyclones*, (Hrsg.) C. W. Newton und E. O. Holopainen, The Erik Palmén Memorial Volume, Kap. 10. Amer. Meteor. Soc., 167–191.

Shapiro, M. A., H. Wernli, J. Bao, J. Methven, X. Zou, J. Doyle, T. Holt, E. Donall-Grell und P. Neiman (1999). A planetary-scale to mesoscale perspective of the life cycles of extratropical cyclones: The bridge between theory and observations. *The life cycles of Extratropical Cyclones*, (Hrsg.) M. A. Shapiro und S. Gronas. Amer. Meteor. Soc., 139–185.

Simmons, A. J. und B. J. Hoskins (1976). Baroclinic instability on the sphere: normal modes of the primitive and quasigeostrophic equations. *J. Atmos. Sci. 33*, 1454–1477.

Simmons, A. J. und B. J. Hoskins (1977). Baroclinic instability on the sphere: Solutions with a more realistic tropopause. *J. Atmos. Sci. 34*, 581–588.

Simmons, A. J. und B. J. Hoskins (1978). The life cycle of some nonlinear baroclinic waves. *J. Atmos. Sci. 35*, 414–432.

Simmons, A. J. und B. J. Hoskins (1979). The downstream an upstream development of unstable baroclinic waves. *J. Atmos. Sci. 36*, 1239–1254.

Simmons, A. J. und B. J. Hoskins (1980). Barotropic influences on the growth and decay of nonlinear baroclinic waves. *J. Atmos. Sci. 37*, 1679–1684.

Smith, R. K., W. Ulrich und G. Dietachmeyer (1990). A numerical study of tropical cyclone motion using a barotropic model. part I. the role of vortex asymmetries. *Quart. J. Roy. Meteorol. Soc. 116*, 337–362.

Snyder, C. und R. S. Lindzen (1991). Quasi-geostrophic wave-CISK in an unbounded baroclinic shear. *J. Atmos. Sci. 48*, 78–88.

Stoelinga, M. T. (1996). A potential vorticity-based study of the role of diabatic heating and friction in a numerically simulated baroclinic cyclone. *Mon. Wea. Rev. 124*, 849–874.

Swanson, K. L., P. J. Kushner und I. M. Held (1997). Dynamics of barotropic storm tracks. *J. Atmos. Sci. 54*, 791–810.

Tan, Z., F. Zhang, R. Rotunno und C. Snyder (2004). Mesoscale predictability of moist baroclinic waves: Experiments with parameterized convection. *J. Atmos. Sci. 61*, 1794–1804.

Thorncroft, C. und S. C. Jones (2000). The extratropical transition of hurricanes Felix and Iris in 1995. *Mon. Wea. Rev. 128*, 947–972.

Thorncroft, C. D., B. J. Hoskins und M. E. McIntyre (1993). Two paradigms of baroclinic-wave life-cycle behaviour. *Q. J. R. Meteorol. Soc. 119*, 17–55.

Valdes, P. J. und B. J. Hoskins (1988). Baroclinic instability of the zonally averaged flow with boundary layer damping. *J. Atmos. Sci. 45*, 1584–1593.

Wandishin, M. S., J. W. Nielsen-Gammon und D. Keyser (2000). A potential vorticity approach to upper-level frontogenesis within a developing baroclinic wave. *J. Atmos. Sci. 57*, 3918–3938.

Wang, B. und A. Barcilon (1986). Moist stability of a baroclinic zonal flow with conditionally unstable stratification. *J. Atmos. Sci. 43*, 705–719.

Wernli, H. (1995). *Lagrangian perspective of extratropical cyclogenesis.* Dissertation, ETH Zürich. Dissertation Nr. 11016.

Wernli, H., R. Fehlmann und D. Lüthi (1998). The effect of barotropic shear on upper-level induced cyclogenesis: Semigeostrophic and primitive equation numerical simulations. *J. Atmos. Sci. 55*, 2080–2094.

Wernli, H., M. A. Shapiro und J. Schmidli (1999). Upstream development in idealized baroclinic wave experiments. *Tellus 51A*, 574–587.

Whitaker, J. S. und C. A. Davis (1994). Cyclogenesis in a saturated environment. *J. Atmos. Sci. 51*, 889–907.

Whitaker, J. S. und C. Snyder (1993). The effects of spherical geometry on the evolution of baroclinic waves. *J. Atmos. Sci. 50*, 597–612.

Wu, C.-C. und K. A. Emanuel (1993). Interaction of a baroclinic vortex with background shear: Application to hurricane movement. *J. Atmos. Sci. 50*, 62–76.

Wu, C.-C. und Y. Kurihara (1996). A numerical study of the feedback mechanisms of hurricane-environment interaction on hurricane movement from the potential vorticity perspective. *J. Atmos. Sci. 53*, 2264–2282.

Zhang, D. und R. A. Anthes (1982). A high-resolution model of the planetary boundary layer – sensitivity tests and comparison with SESAME-79 data. *J. Appl. Meteor. 21*, 1594–1609.

Wissenschaftliche Berichte des Instituts für Meteorologie und Klimaforschung des Karlsruher Instituts für Technologie (0179-5619)

Bisher erschienen:

Nr. 1: *Fiedler, F. / Prenosil, T.*
Das MESOKLIP-Experiment. (Mesoskaliges Klimaprogramm im Oberrheintal).
August 1980

Nr. 2: *Tangermann-Dlugi, G.*
Numerische Simulationen atmosphärischer Grenzschichtströmungen über langgestreckten mesoskaligen Hügelketten bei neutraler thermischer Schichtung.
August 1982

Nr. 3: *Witte, N.*
Ein numerisches Modell des Wärmehaushalts fließender Gewässer unter Berücksichtigung thermischer Eingriffe.
Dezember 1982

Nr. 4: *Fiedler, F. / Höschele, K. (Hrsg.)*
Prof. Dr. Max Diem zum 70. Geburtstag.
Februar 1983 (vergriffen)

Nr. 5: *Adrian, G.*
Ein Initialisierungsverfahren für numerische mesoskalige Strömungsmodelle.
Juli 1985

Nr. 6: *Dorwarth, G.*
Numerische Berechnung des Druckwiderstandes typischer Geländeformen.
Januar 1986

Nr. 7: *Vogel, B.; Adrian, G. / Fiedler, F.*
MESOKLIP-Analysen der meteorologischen Beobachtungen von mesoskaligen Phänomenen im Oberrheingraben.
November 1987

Nr. 8: *Hugelmann, C.-P.*
Differenzenverfahren zur Behandlung der Advektion.
Februar 1988

Nr. 9: *Hafner, T.*
Experimentelle Untersuchung zum Druckwiderstand der Alpen.
April 1988

Nr. 10: *Corsmeier, U.*
Analyse turbulenter Bewegungsvorgänge in der maritimen atmosphärischen Grenzschicht.
Mai 1988

Nr. 11: *Walk, O. / Wieringa, J.(eds)*
Tsumeb Studies of the Tropical Boundary-Layer Climate.
Juli 1988

Nr. 12: *Degrazia, G. A.*
Anwendung von Ähnlichkeitsverfahren auf die turbulente Diffusion in der konvektiven und stabilen Grenzschicht.
Januar 1989

Nr. 13: *Schädler, G.*
Numerische Simulationen zur Wechselwirkung zwischen Landoberflächen und atmophärischer Grenzschicht.
November 1990

Nr. 14: *Heldt, K.*
Untersuchungen zur Überströmung eines mikroskaligen Hindernisses in der Atmosphäre.
Juli 1991

Nr. 15: *Vogel, H.*
Verteilungen reaktiver Luftbeimengungen im Lee einer Stadt – Numerische Untersuchungen der relevanten Prozesse.
Juli 1991

Nr. 16: *Höschele, K.(ed.)*
Planning Applications of Urban and Building Climatology – Proceedings of the IFHP / CIB-Symposium Berlin, October 14-15, 1991.
März 1992

Nr. 17: *Frank, H. P.*
Grenzschichtstruktur in Fronten.
März 1992

Nr. 18: *Müller, A.*
Parallelisierung numerischer Verfahren zur Beschreibung von Ausbreitungs- und chemischen Umwandlungsprozessen in der atmosphärischen Grenzschicht.
Februar 1996

Nr. 19: *Lenz, C.-J.*
Energieumsetzungen an der Erdoberfläche in gegliedertem Gelände.
Juni 1996

Nr. 20: *Schwartz, A.*
Numerische Simulationen zur Massenbilanz chemisch reaktiver Substanzen im mesoskaligen Bereich.
November 1996

Nr. 21: *Beheng, K. D.*
Professor Dr. Franz Fiedler zum 60. Geburtstag.
Januar 1998

Nr. 22: *Niemann, V.*
Numerische Simulation turbulenter Scherströmungen mit einem Kaskadenmodell.
April 1998

Nr. 23: *Koßmann, M.*
Einfluß orographisch induzierter Transportprozesse auf die Struktur der atmosphärischen Grenzschicht und die Verteilung von Spurengasen.
April 1998

Nr. 24: *Baldauf, M.*
Die effektive Rauhigkeit über komplexem Gelände – Ein Störungstheoretischer Ansatz.
Juni 1998

Nr. 25: *Noppel, H.*
Untersuchung des vertikalen Wärmetransports durch die Hangwindzirkulation auf regionaler Skala.
Dezember 1999

Nr. 26: *Kuntze, K.*
Vertikaler Austausch und chemische Umwandlung von Spurenstoffen über topographisch gegliedertem Gelände.
Oktober 2001

Nr. 27: *Wilms-Grabe, W.*
Vierdimensionale Datenassimilation als Methode zur Kopplung zweier verschiedenskaliger meteorologischer Modellsysteme.
Oktober 2001

Nr. 28: *Grabe, F.*
Simulation der Wechselwirkung zwischen Atmosphäre, Vegetation und Erdoberfläche bei Verwendung unterschiedlicher Parametrisierungsansätze.
Januar 2002

Nr. 29: *Riemer, N.*
Numerische Simulationen zur Wirkung des Aerosols auf die troposphärische Chemie und die Sichtweite.
Mai 2002

Nr. 30: *Braun, F. J.*
Mesoskalige Modellierung der Bodenhydrologie.
Dezember 2002

Nr. 31: *Kunz, M.*
Simulation von Starkniederschlägen mit langer Andauer über Mittelgebirgen.
März 2003

Nr. 32: *Bäumer, D.*
Transport und chemische Umwandlung von Luftschadstoffen im Nahbereich von Autobahnen – numerische Simulationen.
Juni 2003

Nr. 33: *Barthlott, C.*
Kohärente Wirbelstrukturen in der atmosphärischen Grenzschicht.
Juni 2003

Nr. 34: *Wieser, A.*
Messung turbulenter Spurengasflüsse vom Flugzeug aus.
Januar 2005

Nr. 35: *Blahak, U.*
Analyse des Extinktionseffektes bei Niederschlagsmessungen mit einem C-Band Radar anhand von Simulation und Messung.
Februar 2005

Nr. 36: *Bertram, I.*
Bestimmung der Wasser- und Eismasse hochreichender konvektiver Wolken anhand von Radardaten, Modellergebnissen und konzeptioneller Betrachtungen.
Mai 2005

Nr. 37: *Schmoeckel, J.*
Orographischer Einfluss auf die Strömung abgeleitet aus Sturmschäden im Schwarzwald während des Orkans „Lothar".
Mai 2006

Nr. 38: *Schmitt, C.*
Interannual Variability in Antarctic Sea Ice Motion: Interannuelle Variabilität antarktischer Meereis-Drift.
Mai 2006

Nr. 39: *Hasel, M.*
Strukturmerkmale und Modelldarstellung der Konvektion über Mittelgebirgen.
Juli 2006

Ab Band 40 erscheinen die Wissenschaftlichen Berichte des Instituts für Meteorologie und Klimaforschung bei KIT Scientific Publishing (ISSN 0179-5619).
Die Bände sind unter www.ksp.kit.edu als PDF frei verfügbar oder als Druckausgabe bestellbar.

Nr. 40: *Lux, R.*
Modellsimulationen zur Strömungsverstärkung von orographischen Grundstrukturen bei Sturmsituationen. (2007)
ISBN 978-3-86644-140-8

Nr. 41: *Straub, W.*
Der Einfluss von Gebirgswellen auf die Initiierung und Entwicklung konvektiver Wolken. (2008)
ISBN 978-3-86644-226-9

Nr. 42: *Meißner, C.*
High-resolution sensitivity studies with the regional climate model COSMO-CLM. (2008)
ISBN 978-3-86644-228-3

Nr. 43: *Höpfner, M.*
Charakterisierung polarer stratosphärischer Wolken mittels hochauflösender Infrarotspektroskopie. (2008)
ISBN 978-3-86644-294-8

Nr. 44: *Rings, J.*
Monitoring the water content evolution of dikes. (2009)
ISBN 978-3-86644-321-1

Nr. 45: *Riemer, M.*
Außertropische Umwandlung tropischer Wirbelstürme: Einfluss auf das Strömungsmuster in den mittleren Breiten. (2012)
ISBN 978-3-86644-766-0

Kolibri 360 GmbH
Ferdinand-Jühlke-Straße 7
99095 Erfurt, Deutschland
produktsicherheit@kolibri360.de